A. Vieillefond

PRÉCIS DE GÉOMÉTRIE

II. Géométrie dans l'espace

HACHETTE & CIE

PRÉCIS

DE GÉOMÉTRIE

II

GÉOMÉTRIE DANS L'ESPACE

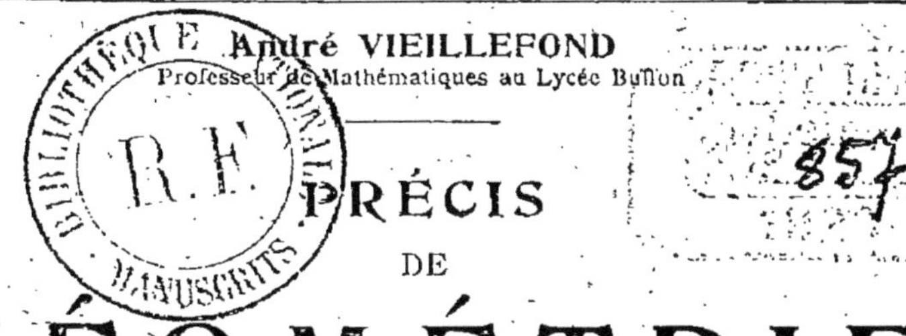

André VIEILLEFOND
Professeur de Mathématiques au Lycée Buffon

PRÉCIS DE GÉOMÉTRIE

RÉDIGÉ CONFORMÉMENT AU PROGRAMME OFFICIEL DU 4 MAI 1912

SUIVANT LA

MÉTHODE CLASSIQUE

CONTENANT 1027 EXERCICES ET PROBLÈMES ET 509 FIGURES

AVEC LA COLLABORATION DE

P. TURMEL
Professeur de Mathématiques au Lycée Buffon

Garçons. — 1re et 2e Cycles A et B
J. Filles — 3e, 4e et 5e années.

II

GÉOMÉTRIE DANS L'ESPACE

TROISIÈME ÉDITION

LIBRAIRIE HACHETTE

79, BOUL. SAINT-GERMAIN, PARIS

1920

AVERTISSEMENT

Le présent ouvrage est conforme aux derniers programmes pour les classes de 5e B, 4e B, 3e B, 4e A, 3e A, 2e A et B des lycées de garçons et pour les classes de 3e, 4e et 5e année des lycées de jeunes filles.

Certaines questions qui ne figurent pas formellement dans tous ces programmes sont précédées d'un astérisque.

Les axiomes traditionnels de la Géométrie et la définition classique des parallèles ont été conservés.

J'ai fait un appel très fréquent à la notion de déplacement. Notamment, la Géométrie dans l'espace a été établie en utilisant la Rotation autour d'une droite et la Translation rectiligne, en portant principalement l'attention sur les lignes ou surfaces qui paraissent immobiles pendant le mouvement.

La division traditionnelle en Livres a été maintenue sans grandes modifications.

Les deux premiers Livres contiennent les matières des programmes des classes de 5e B et de 4e A. Il est recommandé de réaliser toutes les expériences indiquées. Il est facile d'en imaginer d'autres, car un grand nombre de démonstrations se prêtent à une illustration expérimentale immédiate.

Les 3e et 4e Livres contiennent les matières des programmes des classes de 4e B et 3e A.

Enfin les derniers livres constituent la Géométrie dans l'Espace qui est étudiée en 3e B et en 2e A et B. J'ai voulu que le début de la Géométrie dans l'Espace (5e Livre) et celui de la Géométrie Plane (1er Livre) ne soient pas rédigés indépendamment l'un de l'autre. On pourra de la sorte faire facilement une revision très utile en ne séparant pas la géométrie plane de la géométrie dans l'espace. Ainsi, après avoir revu en géométrie plane les théorèmes relatifs aux droites perpendiculaires on pourra étudier le chapitre des droites et plans perpendiculaires, sans attendre l'étude du 3e cas d'égalité des triangles ou même celle du triangle isocèle. De même, après avoir étudié les droites parallèles en Géométrie Plane, on étudiera le chapitre du parallélisme en Géométrie dans l'Espace qui a été rédigé de manière à mettre en évidence les analogies des deux théories.

Chaque chapitre est accompagné d'un grand nombre d'exercices, tant théoriques que pratiques; beaucoup sont nouveaux. C'est mon collègue M. Turmel qui s'est chargé du soin de les rassembler; qu'il reçoive ici mes remerciments pour toute la peine qu'il s'est donnée.

A la fin du volume on trouvera des sujets d'exercices graphiques et de lavis dus aussi à M. Turmel; ils sont destinés aux classes du 1ᵉʳ cycle B. Leur nombre est suffisant pour occuper les séances de dessin graphique pendant l'année scolaire.

Il m'est difficile de citer tous les auteurs auxquels je suis redevable des quelques nouveautés que peut renfermer cet ouvrage. Mes collègues reconnaîtront facilement ce que je dois à MM. Hadamard, Niewenglowski, Gérard, Borel, Fontené.

Je dois une particulière gratitude à M. C. Bourlet qui m'a spontanément autorisé à puiser dans son « Cours abrégé de Géométrie ». J'en ai largement profité. Notamment, le chapitre de l'arpentage est entièrement emprunté à son ouvrage.

J'accueillerai avec reconnaissance les observations que voudront bien me transmettre mes collègues. Je fais appel à leur concours bienveillant pour améliorer ce « Précis de Géométrie ».

A. VIEILLEFOND

PROGRAMMES OFFICIELS
DU 4 MAI 1912

ENSEIGNEMENT SECONDAIRE

DANS LES LYCÉES ET COLLÈGES DE GARÇONS

CLASSE DE CINQUIÈME B

Usage de la règle, de l'équerre, du compas et du rapporteur.
Ligne droite et plan. Angles. Symétrie par rapport à une droite. Triangle.
Triangle isocèle. Cas d'égalité des triangles.
Perpendiculaire et obliques. Cas d'égalité des triangles rectangles.
Droites parallèles. Somme des angles d'un triangle, d'un polygone convexe.
Parallélogramme. Rectangle. Losange. Carré.
Cercle. Diamètre. Cordes et arcs. Tangente.
Positions relatives de deux cercles.
Constructions d'angles et de triangles.
Tracé des perpendiculaires et des parallèles.
Constructions de cercles, de tangentes.

Exécution, avec les instruments, des constructions expliquées dans le cours de géométrie. — Problèmes et exercices simples se rapportant également au cours de géométrie ; exécution graphique de la solution trouvée.

CLASSE DE QUATRIÈME A

Usage de la règle, de l'équerre, du compas et du rapporteur.
Ligne droite et plan. Angles.
Triangles. Triangle isocèle. Cas d'égalité des triangles.
Perpendiculaires et obliques. Cas d'égalité des triangles rectangles.
Droites parallèles. Somme des angles d'un triangle, d'un polygone convexe.
Parallélogramme. Rectangle. Losange. Carré.
Cercle. Cordes et arcs. Tangente.
Positions relatives de deux cercles.
Constructions élémentaires sur la droite et cercle.

CLASSE DE QUATRIÈME B

Points qui divisent une droite dans un rapport donné.
Lignes proportionnelles. Propriété des bissectrices d'un triangle.
Triangles semblables. Définition du sinus, du cosinus et de la tangente d'un angle.
Définition des figures homothétiques. Polygones semblables.
Relations métriques dans un triangle rectangle.
Constructions de la quatrième proportionnelle et de la moyenne géométrique.
Polygones réguliers : carré, hexagone et triangle équilatéral.
Mesure de la circonférence du cercle (énoncé).
Mesure des aires du rectangle, du parallélogramme, du triangle, du trapèze, des polygones.
Rapport des aires de deux polygones semblables.
Aire du cercle.

Exécution, avec les instruments, des constructions expliquées dans le cours de géométrie. Problèmes et exercices simples se rapportant également au cours de géométrie ; exécution graphique de la solution trouvée.
Construction graphique de lieux géométriques. Tracé des courbes à la plume.

CLASSE DE TROISIÈME A

Problèmes et interrogations sur le programme de la classe précédente
Points qui partagent une droite dans un rapport donné.
Lignes proportionnelles.
Triangles semblables. Définitions du sinus, du cosinus, de la tangente e'
de la cotangente d'un angle.
Définition des figures homothétiques. Polygones semblables.
Relations métriques dans un triangle rectangle.
Propriétés des sécantes dans le cercle.
Constructions de la quatrième proportionnelle et de la moyenne propor-
tionnelle.
Polygones réguliers, carré, hexagone et triangle équilatéral.
Mesure de la circonférence du cercle (énoncé).
Mesure des aires du rectangle, du parallélogramme, du triangle, du tra-
pèze, des polygones, du cercle.
Rapport des aires de deux polygones semblables.

CLASSE DE TROISIÈME B

Du plan et de la droite dans l'espace.
Angle dièdre. Droites et plans parallèles. Droite et plan perpendicu-
laires.
Projection d'un polygone.
Définition des angles polyèdres, du prisme, de la pyramide.
Surfaces et volumes du prisme et de la pyramide.
Cône, cylindre, plan tangent.
Sphère. Sections planes de la sphère. Pôles.
Surfaces et volumes du cône et du cylindre de révolution. Surface et
volume de la sphère (énoncé).
Levé des plans, arpentage, nivellement.
Exemples d'ombres usuelles et pratique raisonnée du lavis. Dessins géo-
métriques, dans lesquels entreront des lignes droites et des cercles, em-
pruntés à des motifs de décoration des surfaces planes : parquetages,
dallages; mosaïques; vitraux; lavis à l'encre de Chine et à la couleur de
quelques-uns de ces dessins.

CLASSE DE SECONDE A ET B

Du plan et de la droite dans l'espace.
Angle dièdre. Droites et plans parallèles. Droite et plan perpendiculaires.
Définition du parallélipipède, du prisme, de la pyramide.
Sections parallèles dans un prisme et une pyramide.
Cône et cylindre de révolution; sections parallèles à la base.
Sphère; grands cercles, petits cercles; pôles.
Surface et volume du prisme, de la pyramide, du cylindre, du cône et
de la sphère.

CLASSE DE PREMIÈRE A ET B

Mesure des angles; degrés, grades; radians.
Triangles semblables. Définition du sinus, du cosinus et de la tangente
d'un angle compris entre 0 et 2 droits.
Sinusoïde.
Relations métriques dans le triangle et dans le cercle.
Résolution des triangles rectangles.
Mesure des aires planes.
Notions élémentaires sur la symétrie.
Exercices numériques sur les règles relatives aux surfaces et aux volume
du prisme, de la pyramide, du cylindre, du cône et de la sphère.

DEUXIÈME PARTIE

GÉOMÉTRIE DANS L'ESPACE

LIVRE V

CHAPITRE I

LE PLAN

564. — Au début de la Géométrie nous avons examiné quelques-unes des propriétés de la surface appelée *plan*.

Nous allons d'abord reprendre et compléter ce qui a été dit à ce sujet.

565. — Un plan est une surface *illimitée* dans *toutes les directions*.

Il n'est donc pas possible de figurer un plan tout entier; on en représente d'habitude une portion *rectangulaire* limitée. Le dessin qui représente en perspective ce rectangle a la forme d'un *parallélogramme* (fig. 346). La portion de plan ainsi représentée doit être prolongée *par la pensée* dans toutes les directions aussi loin qu'il est nécessaire.

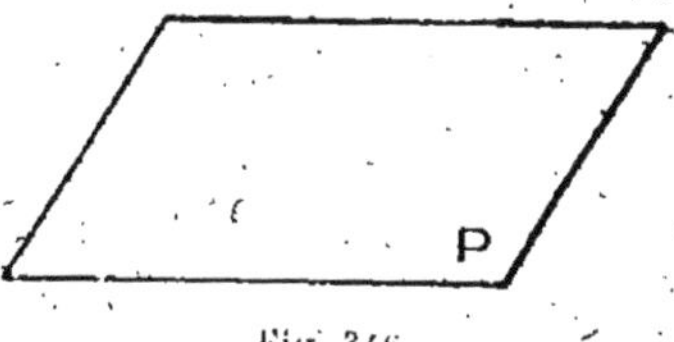

Fig. 346.

566. — Nous avons admis comme évident l'axiome suivant qui constitue la *propriété caractéristique du plan*.

Axiome. — *La droite indéfinie qui joint deux points quelconques d'un plan est située tout entière dans ce plan.*

567. — Nous admettrons aussi comme vérifié expéri-mentalement le fait suivant :

Axiome. — *Par trois points non en ligne droite on peut faire passer un plan.*

Considérons trois points fixes A, B et C non en ligne droite.

Ce seront par exemple les extrémités de trois corps solides ter-minés en pointe effilée et reposant sur une table.

Prenons une planche à dessin suffisamment grande qui représentera une portion de plan.

Nous pouvons d'abord la placer de manière qu'elle contienne le point A. Cette condition remplie, on peut encore la mouvoir et l'ame-ner à contenir le point B. Le plan contient alors la droite AB.

Cette nouvelle condition remplie, on peut encore déplacer la planche et on constate que rien ne s'oppose à ce qu'on la fasse passer par le troisième point C.

568. — **Théorème.** — *Deux plans passant par trois points A, B, C non en ligne droite coïncident.*

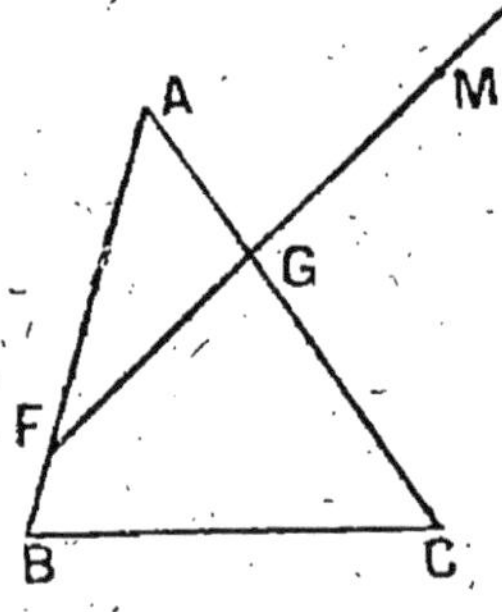

Fig. 347.

* Observons d'abord qu'un plan passant par les trois points A, B et C contient d'après l'axiome (§ 566) les droites AB, BC, CA.

Cela posé, supposons qu'on ait fait passer par les trois points A, B, C deux plans P et P'. Ils con-tiennent tous les deux les trois côtés du triangle ABC (fig. 347).

Nous allons démontrer qu'ils *coïncident* et pour cela établir que *tout point* de *l'un* des plans appar-tient à *l'autre* plan.

Soit M un point *quelconque* du plan P.

Par ce point menons dans le plan P une droite *traver-sant l'intérieur* du triangle ABC; elle rencontre deux des côtés en deux points F et G. Ces points appartiennent au plan P' puisque le plan P' contient les côtés du triangle ABC. Donc la droite FG *toute entière* appartient au plan P' (§ 566).

Le point M de cette droite *appartient donc au plan P'*.

569. — Théorème. — *Par une droite D et un point A extérieur à cette droite on peut faire passer un plan et un seul.*

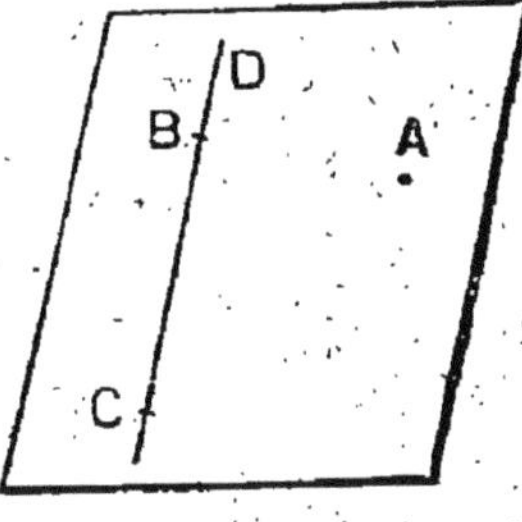

Fig. 348.

Sur la droite D prenons deux points distincts B et C (fig. 348).

Un plan passant par les trois points A, B, C est un plan passant par la droite D et par le point A, et *réciproquement* un plan passant par la droite D et le point A contient les trois points A, B, C.

Or, par les trois points A, B, C il passe un plan et un seul. Par la droite D et le point A, il passe donc un plan et un seul.

570. — Théorème. — *Par deux droites concourantes on peut faire passer un plan et un seul.*

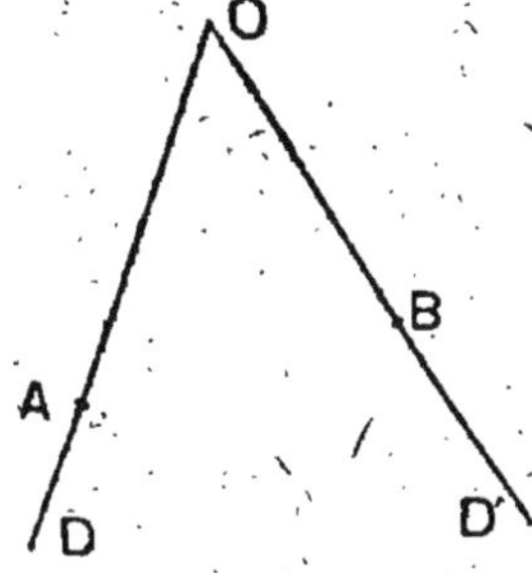

Fig. 349.

Soient deux droites *concourantes* D et D' (fig. 349), O leur point de rencontre, A un point de la droite D, B un point de la droite D', tous les deux *distincts* du point O.

Un plan passant par les points O, A et B passe par les deux droites et *réciproquement*.

Comme il y a un plan et un seul qui passe par les trois points, il y a un plan et un seul qui passe par les deux droites D et D'.

571. — Génération d'un plan par le mouvement d'une droite.

Soit un plan P. Dans ce plan prenons une droite *fixe* AB et un point *fixe* O *extérieur* à AB (fig. 350).

Soit M un point *quelconque* de la droite AB. La droite indéfinie OM ayant deux de ses points dans le plan P est toute *entière* située dans ce plan.

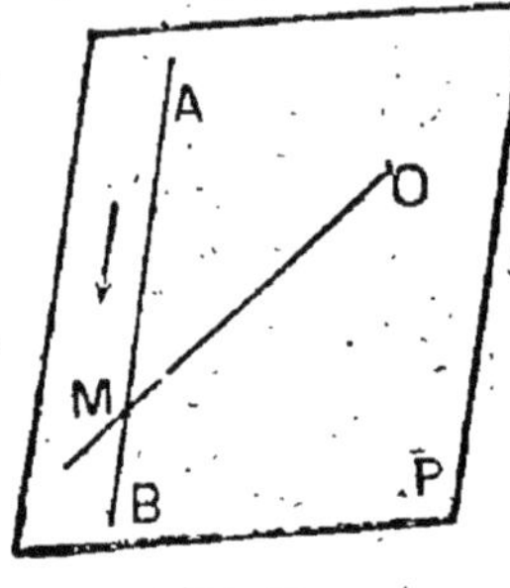

Fig. 35o.

Lorsque le point M *décrit* la droite AB d'un *mouvement continu*, la droite OM se déplace en restant constamment dans le plan P.

Il est clair que dans ce mouvement *elle balaie tout le plan* P.

On dit qu'elle *engendre* le plan P.

572. — Propriété importante du plan. — *On peut déplacer un plan Q sans qu'il cesse de coïncider avec un plan fixe* P.

Ce qu'on exprime d'une manière abrégée en disant :

Un plan peut glisser sur lui-même.

Reprenons l'expérience du § 567.

Nous pouvons (§ 567) placer la planche à dessin de façon qu'elle contienne les trois points A, B, C. D'ailleurs cela peut être réalisé *d'une infinité de manières*, de telle sorte qu'on peut *déplacer* la planche à dessin, en l'assujettissant à passer *constamment* par les trois points A, B, C. Considérons d'autre part un plan indéfini fixe P passant par les trois points A, B, C.

Dans chacune de ses positions le plan de la planche à dessin coïncidera avec le plan P, puisque deux plans *passant par trois points non en ligne droite coïncident*.

On peut donc déplacer la planche à dessin sans que son plan cesse de coïncider avec le plan fixe P.

573. — Rappelons qu'une *droite indéfinie* située dans un *plan* le partage en deux *régions distinctes*. Chacune d'elles s'appelle un *demi-plan*.

Un plan indéfini partage l'espace en deux *régions distinctes*.

Cela signifie que tout chemin *continu* allant d'un point A de l'une des régions, à un point B de l'autre, *rencontre nécessairement le plan*.

Nous admettons cela comme *évident*.

574. — Intersection d'une droite et d'un plan. — *On dit qu'une droite et un plan se coupent lorsqu'ils ont un point commun et un seul.*

Ce point s'appelle *l'intersection* de la droite et du plan.

Prenons un point O dans un plan P, un point A *extérieur* au plan P (fig. 351), la droite OA et le plan

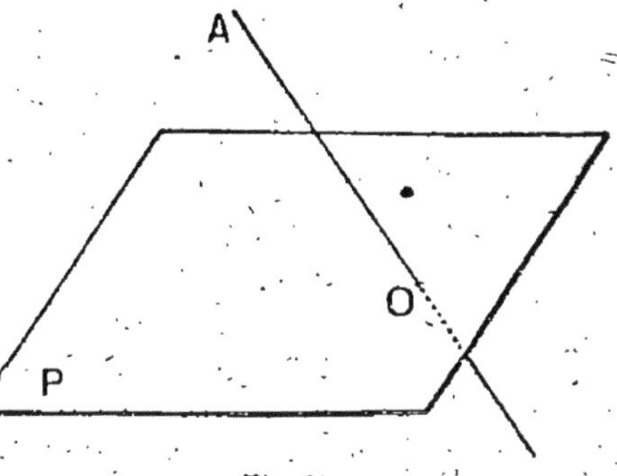

Fig. 351.

P n'ont pas *d'autre point commun* que le point O.

Si en effet la droite avait un *second* point commun avec le plan P, elle serait contenue *tout entière* dans le plan P, ce qui n'est pas possible puisque le point A a été pris *hors du plan* P.

575. — Soit un plan P *coupant* une droite D au point O. Le plan partage l'espace en deux régions distinctes R_1 et R_2; le point O partage la droite en deux demi-droites. Une d'elles est située dans la région R_1, l'autre dans la région R_2.

576. — Intersection de deux plans. — *On dit que deux plans se coupent lorsqu'ils sont distincts et qu'ils ont en commun une droite.*

Cette droite s'appelle *l'intersection* des deux plans.

577. — Théorème. — *Si deux plans distincts P et Q ont un point commun O, ils en ont une infinité d'autres formant une droite passant par O.*

Cette proposition peut être admise comme *évidente*, mais il est possible de la démontrer.

Prenons dans le plan Q un point A *non situé dans le plan* P. La droite indéfinie OA coupe le plan P au point O (fig. 352).

   PRÉCIS DE GÉOMÉTRIE.

Sur cette droite prenons un point B situé sur le *prolongement* de AO.

Et dans le plan Q traçons un *chemin continu* C allant de A jusqu'à B *sans rencontrer* AB.

Les deux points A et B sont de *côtés différents* par rapport au plan P. Le chemin C qui les joint *rencontre donc le plan* P : soit O' un point de rencontre.

Le point O' appartient *non seulement au plan* P, *mais aussi au plan* Q, puisqu'il est situé sur la ligne C tracée dans le plan Q.

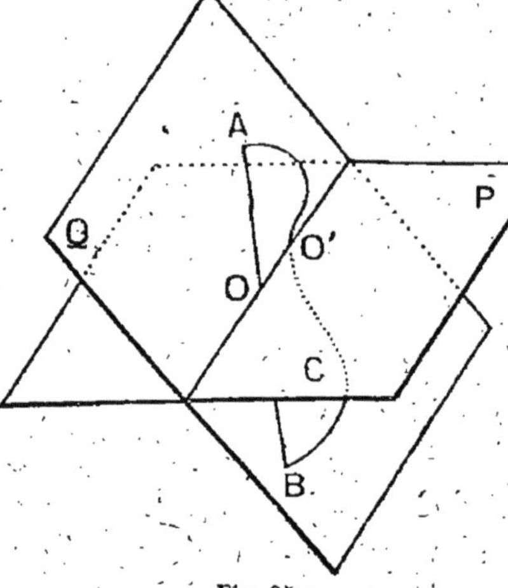

Fig. 352.

Les deux points O et O' appartenant aux deux plans P et Q, la droite indéfinie OO' appartient à ces deux plans.

D'ailleurs les deux plans P et Q ne peuvent pas avoir de points communs extérieurs à la droite OO', car alors ils coïncideraient.

AUTRE ÉNONCÉ :

Si deux plans distincts ont un point commun, ils se coupent suivant une droite.

578. — Positions relatives de deux droites.

Soient deux droites *distinctes* D et D'.

Il peut arriver que ces deux droites soient situées dans un même plan. Dans ce cas ou bien elles ont *un seul point commun*, ou bien elles n'en ont *aucun*, c'est-à-dire qu'elles sont *concourantes* ou *parallèles*.

Mais il peut arriver aussi, et c'est même le cas qui se

présentera *le plus généralement*, qu'il *n'existe pas de plan*
passant par deux droites données.

Soit une droite AB
(fig. 353). Par cette
droite faisons passer
un plan P dans le-
quel nous prenons
un point C non situé
sur AB. Soit D un
point non situé dans
le plan P.

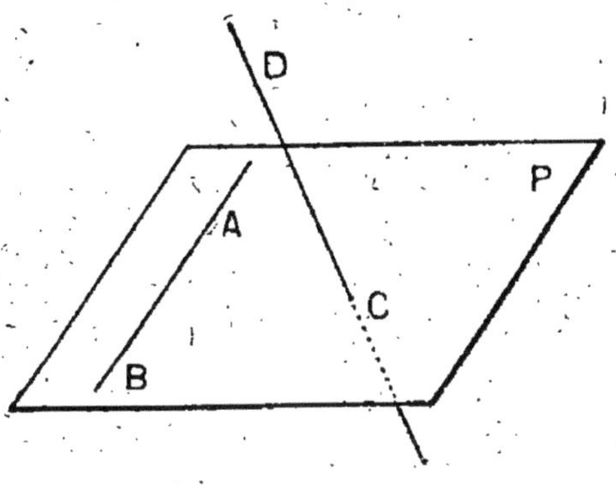

Fig. 353.

Menons la droite
CD.

Les deux droites AB et CD sont telles qu'il *n'existe pas*
de plan contenant ces deux droites.

Car s'il en existait un, ce plan contiendrait les trois
points A, B, C non en ligne droite et par suite il serait
confondu avec le plan P. Le plan P *contiendrait donc*
CD, ce qui n'est pas possible puisque D a été pris *hors*
du plan P.

En résumé deux droites D et D′ peuvent

1° Être *confondues*;

2° Être *concourantes*;

3° Être *parallèles*;

4° Ne pas être *contenues dans un même plan.*

EXERCICES THÉORIQUES

§ unique.

757. Pourquoi les artisans qui veulent dresser une surface, c'est-à-dire
la travailler de manière qu'elle devienne plane (planche, parquet, dallage),
appliquent-ils de temps en temps l'arête d'une règle ou d'un rabot sur la
surface?

758. Prendre un point quelconque dans un plan donné, c'est-à-dire
construire un point quelconque dans un plan déterminé par deux droites

qui se coupent, par une droite et un point extérieur, par trois points formant triangle, par une figure plane quelconque.

759. Étant données deux droites XY et X'Y' non dans un même plan, deux points A et B sur XY, deux points C et D sur X'Y', démontrer que les droites AC et BD d'une part, AD et BC d'autre part ne sont pas dans un même plan.

760. Reconnaître si un point donné A est dans un plan P donné soit par trois points B, C, D, soit par deux droites concourantes OX et OY, soit par une figure plane quelconque.

761. On donne trois droites concourantes OX, OY, OZ; reconnaître si ces trois droites sont ou non dans un même plan; dans la négative indiquer les différents plans formés par ces trois droites.

762. On considère quatre points A, B, C, D non situés tous quatre dans un même plan : combien ces quatre points déterminent-ils de plans distincts et quelles sont les intersections de ces plans.

763. Construire théoriquement une droite d'un plan Q rencontrant deux plans sécants P et P' en un même point et passant par un point donné A du plan Q.

Note. — Dans les problèmes où l'on demande d'effectuer théoriquement la construction d'une figure de l'espace on suppose qu'on sait résoudre les questions suivantes :

1° Faire passer un plan par trois points donnés;

2° Prendre l'intersection de deux plans et comme conséquence d'une droite et d'un plan;

3° Effectuer dans un plan, placé de façon quelconque dans l'espace, toutes les constructions indiquées en géométrie plane.

764. Construire théoriquement une droite passant par un point A et rencontrant deux droites D et D' quelconques. Examiner le cas où D et D' sont concourantes.

765. Construire théoriquement une droite qui rencontre trois droites données; montrer qu'il y a une infinité de solutions et que deux droites répondant à la question ne se rencontrent pas si deux quelconques des trois droites données ne sont pas dans un même plan.

766. On donne deux droites D et D' qui ne se rencontrent pas et un cercle C dont le plan ne passe ni par D ni par D'; peut-on mener une droite rencontrant à la fois D, D' et C?

767. Étant donnés deux points A et B fixes et une droite D également fixe, on considère les triangles ABM, M étant un point quelconque de D; trouver les lieux géométriques des milieux des côtés et du point de concours des médianes de ce triangle ABM.

768. Trouver le lieu géométrique d'une droite joignant un point fixe O au point de concours des médianes d'un triangle ABC tracé dans un plan fixe dont le sommet A est fixe et dont le milieu M du côté BC décrit une droite fixe du plan fixe.

769. Étant donnés deux plans P et P' qui se coupent suivant XY, on considère dans P un triangle ABC et dans P' un triangle A'B'C' tels que AB et A'B' se coupent en γ sur XY, BC et B'C' en α sur XY, CA et C'A' en β sur XY démontrer que les droites AA', BB', CC' sont concourantes.

770. Étant données trois droites concourantes OX, OY, OZ, on coupe ces droites par deux plans P et P' qui passent par une droite XY et on obtient ainsi deux triangles ABC et A'B'C', A et A' étant sur OX, B et B' sur OY, C et C', sur OZ. Démontrer que les droites AB et A'B', BC et B'C', CA et C'A' concourent sur XY.

771. On marque cinq points A, B, C, D, E dans un plan P et on prend un point S à l'extérieur du plan P. Soit M le milieu de SA, N le milieu de BC et O le milieu de DE. Trouver les intersections du plan OMN et des plans SAB, SBC, SCD, SDE, SEA.

772. Étant donné un quadrilatère plan ABCD, on mène par A une droite quelconque AX non contenue dans le plan du quadrilatère et on mène par le sommet B dans le plan XAB une parallèle BY à AX, dans le plan YBC par C une parallèle CZ à BY, enfin dans le plan ZCD une parallèle DT par D à CZ. On marque sur AB un point quelconque I, sur CY un point quelconque J et sur DT un point quelconque K; trouver les intersections du plan IJK avec le plan du quadrilatère et les plans XAB, YBC, ZCD, TDA.

773. Étant donné un quadrilatère gauche ABCD (quadrilatère dont les quatre côtés ne sont pas dans un même plan) on prend trois points M, N, P, l'un sur le côté AB, le deuxième sur le côté BC, le troisième sur le côté CD; déterminer l'intersection S du quatrième côté et du plan MNP et démontrer que les droites QM, PN et BD sont concourantes, ainsi que les droites MN, PQ et AC.

774. Étant donnés quatre points A, B, C, D non situés dans un même plan, on considère les plans qui passent par deux d'entre eux et le milieu du segment formé par les deux autres points; indiquer le nombre de plans ainsi déterminés et démontrer qu'ils ont un point commun dont on déterminera la position par rapport aux points donnés.

775. Étant données trois demi-droites concourantes on considère les plans déterminés par chacune d'elles et la bissectrice des deux autres; démontrer que les trois plans ainsi définis passent par une même droite.

[*Prendre des longueurs égales sur les trois arêtes* OA, OB, OC *et considérer les médianes du triangle* ABC.]

776. Étant donnés deux cercles C et C' non dans un même plan, une corde AB du cercle C et un point S extérieur aux plans de C et C', déterminer les points où le plan SAB rencontre le cercle C'. En déduire un procédé pour tracer deux droites concourantes joignant chacune un point du cercle C à un point du cercle C'.

777. Deux cercles non situés dans un même plan ont en commun les deux points A et B, on considère quatre points M et N sur l'un des cercles, P et Q sur l'autre tels que les droites MP et NQ soient concourantes; démontrer que les droites MN et PQ concourent avec la droite AB en un même point.

CHAPITRE I

DROITES ET PLANS PERPENDICULAIRES

§ 1. — Droite perpendiculaire à un plan.

579. — **Définition**. — Soit une droite OM et un plan P *coupant* la droite OM au point O.

On dit que la droite OM est **perpendiculaire** *au plan P si elle est perpendiculaire à toutes les droites menées par le point O dans le plan P.*

580. — **Théorème**. — *Par un point O d'un plan P on peut mener une droite perpendiculaire au plan P.*

Par le point O menons une *demi-droite* quelconque OA non située dans le plan P (fig. 354).

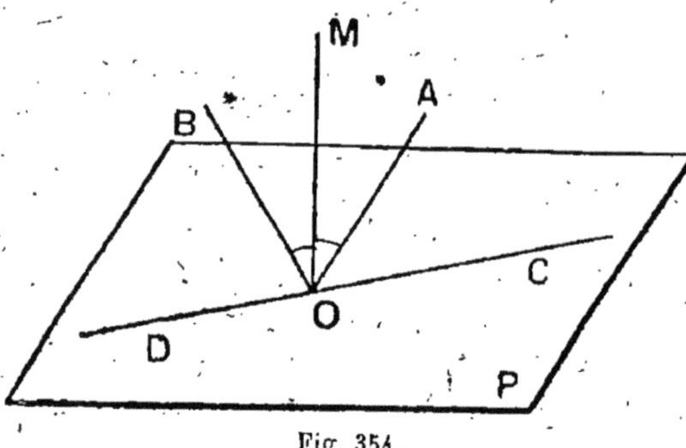

Fig. 354.

Dans ce qui va suivre nous allons déplacer le plan P. Nous pouvons imaginer que ce plan est réalisé matériellement ainsi que la demi-droite OA qui sera considérée comme invariablement liée à ce plan. Le plan P sera par exemple une *planche à dessin* et la droite OA une *aiguille métallique plantée dans la planche à dessin*.

Faisons glisser le plan P sur lui-même de manière à lui faire subir une *rotation* de 180° autour du point O :

la demi-droite OA vient occuper une position OB.

Par une *nouvelle rotation* de 180°, OA revient à sa *position primitive*, c'est-à-dire que OB vient coïncider avec OA.

Ainsi lorsque le plan P a glissé sur lui-même de manière à subir une rotation de 180° autour du point O, l'angle $\widehat{AOB}$ a été *retourné sur lui-même*.

Or, lorsqu'on retourne un angle sur lui-même, la *bissectrice* de cet angle occupe la *même position avant et après* le déplacement.

Donc si nous menons la *bissectrice* OM de l'angle $\widehat{AOB}$ et si on la suppose *invariablement liée* au plan P, elle occupe la *même position après* et *avant* le déplacement.

Cela posé, menons dans le plan P une droite *quelconque* CD passant par le point O et faisons subir au plan P la rotation de 180° autour de O. La demi-droite OC vient coïncider avec son prolongement OD, la demi-droite OM occupe la même position après et avant le déplacement.

Donc l'angle $\widehat{MOC}$ *vient se superposer* à l'angle $\widehat{MOD}$.

Ces deux angles sont donc *égaux*.

OM est donc *perpendiculaire à toute droite menée par O dans le plan* P.

581. — **Théorème.** — *Par un point O d'un plan P on ne peut mener qu'une perpendiculaire au plan P.*

Supposons, en effet, qu'on puisse mener *deux droites distinctes* O M et OM′ toutes les deux *perpendiculaires* au plan P (fig. 355).

Par ces deux

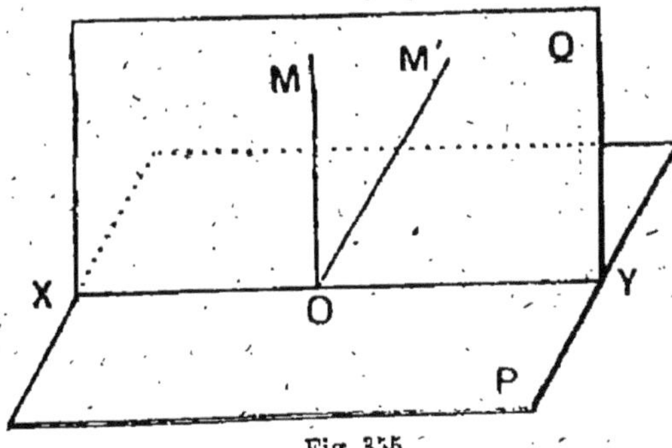

Fig. 355.

droites on pourrait faire passer un plan Q. Le plan Q et le plan P, ayant en commun le point O, auraient en commun une droite XY passant par O.

OM et OM′ perpendiculaires au plan P seraient *toutes les deux* perpendiculaires à XY.

De sorte que *dans le plan* Q on pourrait mener par le point O *deux perpendiculaires* OM et OM′ à la même droite XY, ce qui est *impossible*.

582. — Théorème. — *Si une droite* OM *et un plan* P *sont perpendiculaires, toute droite* OA *passant par* O *et faisant avec* OM *un angle droit est située dans le plan* P *(fig. 356).*

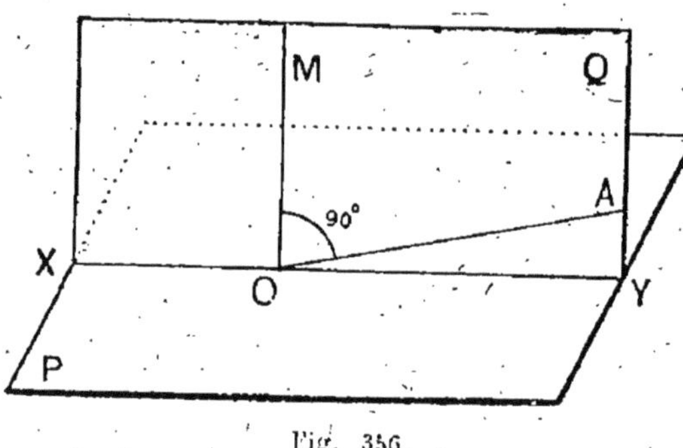

Fig. 356.

Par les deux droites OA et OM on peut faire passer un plan Q : ce plan coupe le plan P suivant une droite XY *perpendiculaire* à OM.

Les droites XY et OA du plan Q sont *toutes les deux perpendiculaires* à la droite OM de ce plan. Or, par le point O du plan Q on ne peut *mener dans le plan* Q qu'une *seule* perpendiculaire à OM. OA *coïncide* donc avec XY et elle est par suite dans le plan P.

583. — Théorème. — *Par un point* O *pris sur une droite* D *on peut mener un plan perpendiculaire à cette droite.*

Prenons un plan *auxiliaire* P′ et un point O′ dans ce plan (fig. 357).

Par le point O′ menons la perpendiculaire D′ au plan P′.

Supposons *réalisée matériellement* la figure ainsi for-

mée; déplaçons-la de manière à faire coïncider le point O′
avec le point O et la droite D′ avec D.

A ce moment le plan P′ occupe la position P.

Le plan P est *perpendiculaire au point* O à la droite D.

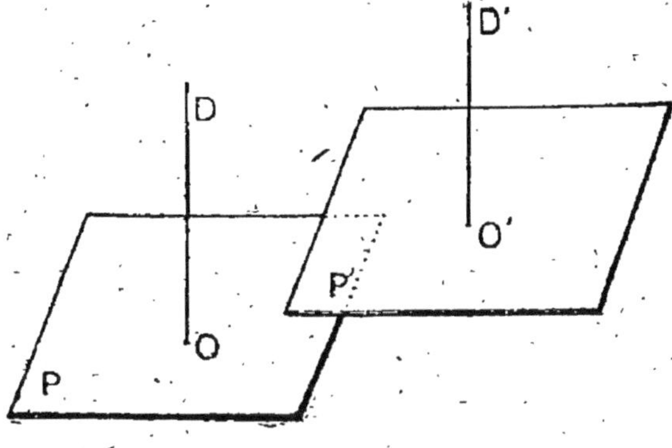

Fig. 357.

584. — **Théorème.** — *Par un point O pris sur une droite D, on ne peut mener qu'un plan perpendiculaire à la droite D.*

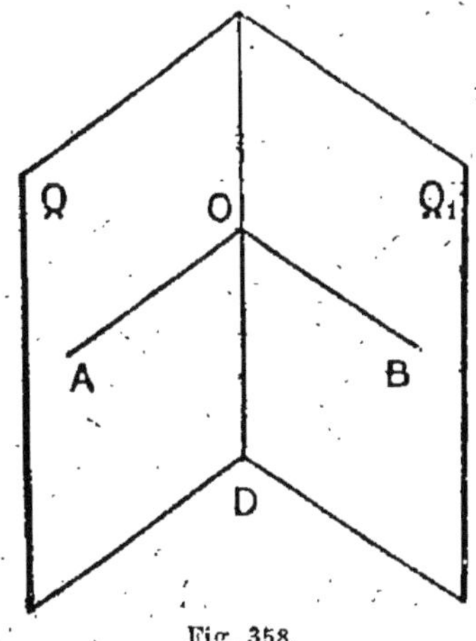

Fig. 358.

Par la droite D, faisons passer deux plans *distincts* Q et Q₁ (fig. 358). Dans ces plans menons OA et OB perpendiculaires à D.

Tout plan perpendiculaire à D au point O contient la perpendiculaire OA à D; il contient aussi la perpendiculaire OB à D (§ 582).

Or, par deux droites concourantes, il ne passe *qu'un seul plan*. Il ne peut donc y avoir *qu'un seul plan perpendiculaire* à D *au point* O.

585. — **Théorème.** — *Pour qu'une droite OM soit perpendiculaire à un plan P au point O, il suffit qu'elle soit perpendiculaire à deux droites distinctes OA et OB menées par O dans le plan P.*

Supposons que la droite OM soit perpendiculaire aux deux droites OA et OB du plan P (fig. 359).

Nous allons démontrer qu'elle est perpendiculaire au plan P.

En effet, *il existe un plan P' perpendiculaire au point O à la droite OM* (§ 583). Ce plan *contient OA et OB* (§ 582).

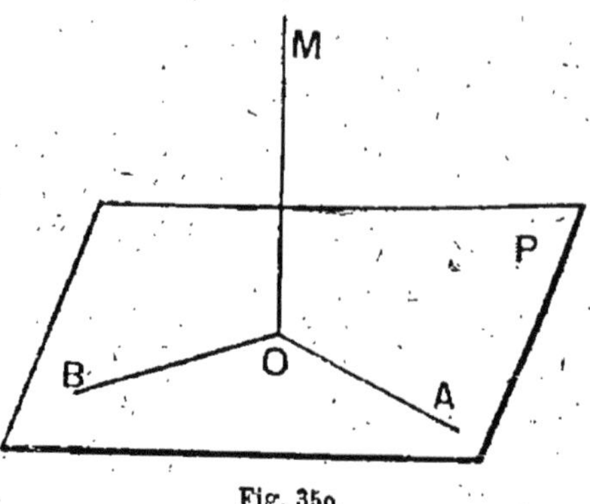

Fig. 359.

Donc il *coïncide* avec P, puisque par deux droites distinctes on ne peut faire passer *qu'un plan.*

Le plan P est donc perpendiculaire à la droite OM.

REMARQUE. — Ce théorème a une *importance capitale.* Il est utilisé à chaque instant.

586. — Théorème. — *Par un point O pris hors d'un plan P on peut mener une perpendiculaire au plan P et une seule.*

1° On peut en mener **une.**

Prenons dans le plan P un point *quelconque* A' (fig. 360) et élevons la *perpendiculaire* A'X' au plan P. Supposons que le plan P et la droite A'X' soient *réalisés matériellement.* Nous admettons comme évident qu'*en faisant glisser le plan P sur lui-même,* on peut amener la droite A'X' à *passer par le point* O.

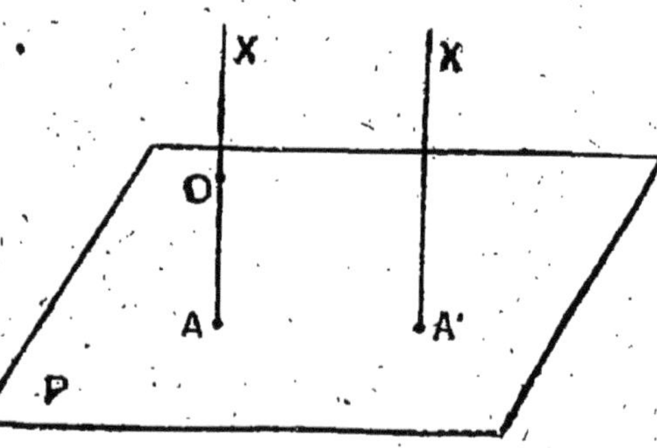

Fig. 360.

Soit AX la position prise par A'X' lorsque cette condition est réalisée.

AX est une *perpendiculaire* au plan P *passant par le point* O.

2° On *ne peut en mener qu'une.*

Supposons que par le point O on puisse mener deux droites distinctes OA et OA' toutes les deux perpendiculaires au plan P, aux points A et A' (fig. 361).

OA et OA' étant perpendiculaires au plan P seraient perpendiculaires à la droite AA'.

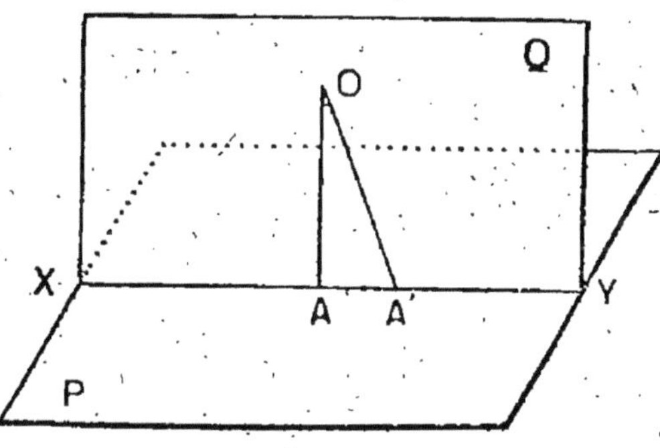

Fig. 361.

Et alors *dans le plan* OA A' on pourrait mener par le point O *deux perpendiculaires à la même droite* AA', ce qui est *impossible.*

587. — **Théorème.** — *Par un point* O *extérieur à une droite* D, *on peut mener un plan perpendiculaire à* D *et un seul.*

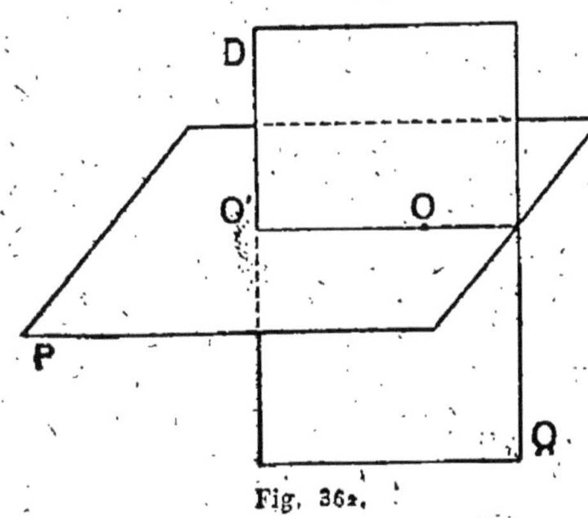

Fig. 362.

1° On peut en mener un.

Soit Q le plan passant par la droite D et le point O (fig. 362).

Dans le plan Q abaissons la *perpendiculaire* sur la droite D; soit O' le point où elle la rencontre.

Par le point O' de la droite D on peut (§ 583) mener un plan P *perpendiculaire* à D.

Ce plan P *contient* OO' (§ 582). P est donc un plan passant par O et perpendiculaire à D.

2° On n'en peut mener qu'un.

Car *tout plan* perpendiculaire à D et passant par le point O, coupe le plan Q suivant une droite *perpendiculaire* à D, c'est-à-dire suivant OO'. Il est donc perpendiculaire à D au point O'. Or, il n'y a qu'*un plan perpendiculaire* à D *au point* O'.

MOUVEMENT DE ROTATION

588. — **Pivotement d'un angle droit autour d'un de ses côtés.**

Soit un angle droit $\widehat{MOX}$ (fig. 363) que nous faisons *pivoter* autour de la droite OM, O et M restant *fixes*.

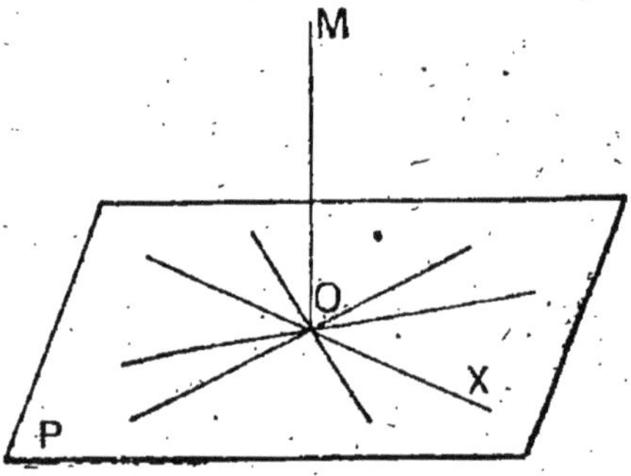

Il résulte du § 582 que le côté OX se déplace en *restant constamment dans le plan P perpendiculaire* à OM au point O.

Dans ce mouvement le côté OM *balaie tout le plan* P; on dit qu'il engendre le plan P.

Fig. 363.

Ainsi donc :

589. — **Théorème.** — *Lorsqu'un angle droit pivote autour d'un de ses côtés, l'autre côté engendre un plan perpendiculaire au côté fixe.*

590. — **Corollaire.** — *Lorsqu'une droite et un plan invariablement liés l'un à l'autre sont perpendiculaires, si on fait pivoter la droite sur elle-même, le plan glisse sur lui-même.*

Inversement :

591. — Théorème. — *Lorsqu'un plan glisse sur lui-même de façon qu'un de ses points O reste fixe, la perpendiculaire OM élevée au plan en ce point pivote sur elle-même.*

Supposons qu'on fixe le point O et qu'on fasse glisser le plan P sur lui-même. La position du plan P restant la même, la perpendiculaire OM conserve aussi la même position, puisque par un point O d'un plan on ne peut mener qu'une perpendiculaire à ce plan : OM pivote sur elle-même.

Des expériences très faciles à imaginer et à réaliser mettent ces résultats en évidence.

592. — Mouvement de rotation. — Soit un corps *indéformable.* Fixons deux points A et B de ce corps. *On peut encore lui faire subir un déplacement. Ce déplacement s'appelle une* **rotation.**

Dans ce mouvement la droite AB pivote sur elle-même. On l'appelle l'*axe de la rotation.*

Les déplacements considérés dans les paragraphes précédents sont des rotations.

593. — Soit un corps qui a un *mouvement de rotation autour de l'axe* AB.

Considérons un plan P perpendiculaire à l'axe A B (fig. 364) et invariablement lié au corps mobile.

Il résulte de ce qui précède que,

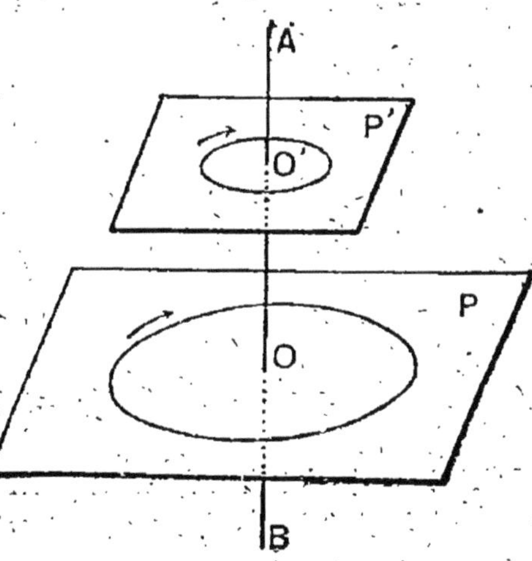

Fig. 364.

dans le mouvement, ce plan *glisse* sur lui-même, le point O où il rencontre l'axe restant *fixe*.

Par suite : *Tout point du corps situé dans le plan consi-déré décrit un cercle ayant le point O pour centre.*

Tout cercle de centre O et situé dans le plan P glisse sur lui-même.

594. — Définition. — *La perpendiculaire élevée au plan d'un cercle par le centre de ce cercle s'appelle l'axe du cercle.*

Ainsi dans la figure 364, la droite AB est l'axe du cercle O.

PERPENDICULAIRES ET OBLIQUES

595. — Définition. — *Une droite qui rencontre un plan est dite* oblique *à ce plan, si elle ne lui est pas perpendicu-laire.*

596. — Théorème. — *Si par un point O extérieur à un plan P, on mène la perpendiculaire OA au plan P, cette perpendiculaire est plus courte que toute oblique issue du même point.*

Soit OB une oblique quelconque (fig. 365).

La droite OA perpendiculaire au plan P est perpendi-

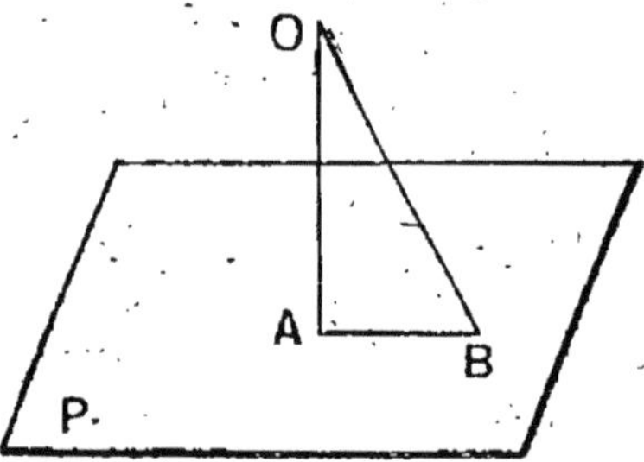

Fig. 365.

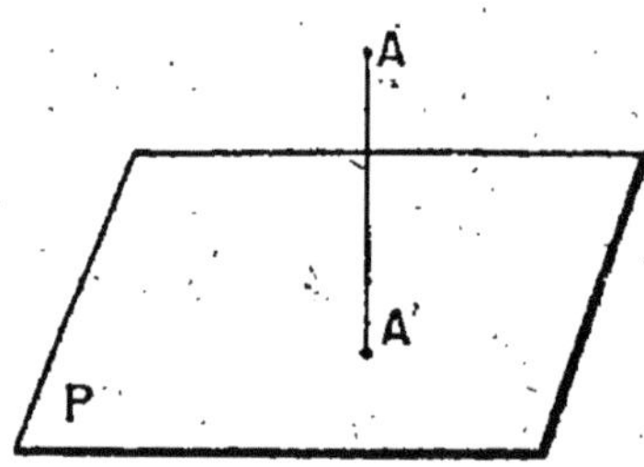

Fig. 366.
Distance d'un point à un plan.

culaire à la droite AB. Dans le plan OAB, OA est donc *per-pendiculaire* à AB, tandis que OB est *oblique* à cette même droite.

Donc comme on l'a vu en géométrie plane (§ 252)

$$OA < OB.$$

597. — Définition. — *On appelle* **distance** *d'un point à un plan la longueur de la perpendiculaire abaissée du point sur le plan* (fig. 366).

C'est la longueur du chemin le plus court allant du point au plan.

598. — Théorème. — *Si par un point O extérieur à un plan P on mène la perpendiculaire et différentes obliques :*

1° Deux obliques dont les pieds sont également éloignés du pied de la perpendiculaire sont égales.

2° Deux obliques qui s'écartent inégalement du pied de la perpendiculaire sont inégales, et celle qui s'en écarte le plus est la plus longue.

1° Soient OB et OC deux obliques telles que

$$AB = AC \text{ (fig. 367).}$$

Les deux triangles AOB et AOC sont *superposables par une rotation autour de* OA.

Donc les obliques OB et OC sont *égales.*

PLUS GÉNÉRALEMENT : *Un point de l'axe d'un cercle est équidistant de tous les points de ce cercle.*

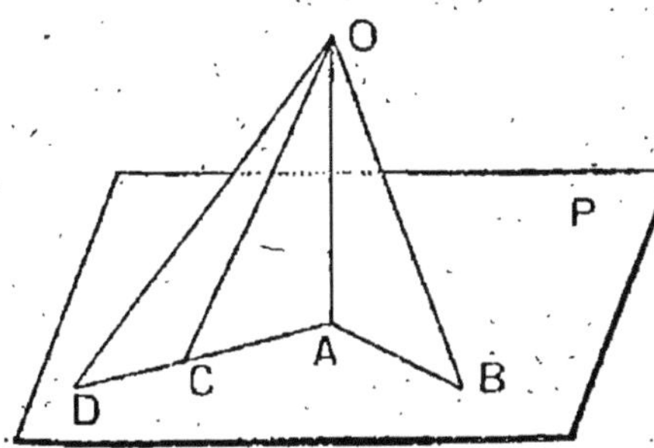

Fig. 367. — Perpendiculaire et obliques.

2° Soient OB et OD deux obliques telles que

$$AB < AD.$$

Prenons sur AD un point C tel que

$$AC = AB.$$

On a

$$OC = OB.$$

Dans le plan COD, OC et OD sont deux obliques à la droite CD. Comme AC < AD, on a (§ 254)

$$OC < OD$$

et par suite

$$OB < OD.$$

599. — **Réciproquement.** — 1° *Si deux obliques sont égales, elles s'écartent également du pied de la perpendiculaire.*

2° *Si deux obliques sont inégales, elles s'écartent inégalement du pied de la perpendiculaire, et la plus longue est celle qui s'en écarte le plus.*

Démonstration par réduction à l'absurde.

§ 2. — Angles dièdres.

600. — **Définition.** — *On appelle* **angle dièdre** (*ou simplement dièdre*) *la figure formée par deux demi-plans limités par une même droite* XY (fig. 368).

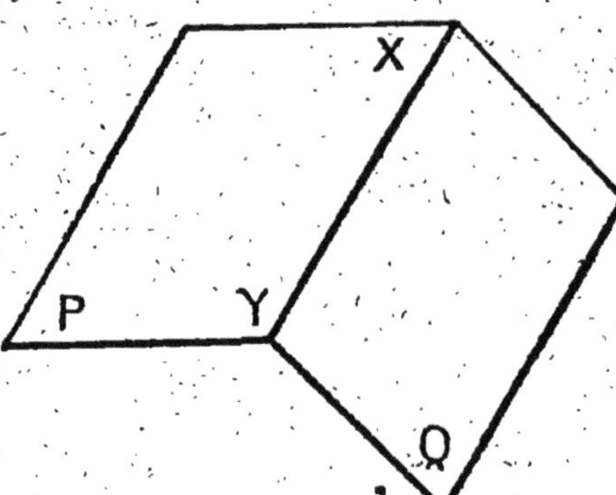

La droite XY s'appelle l'*arête de l'angle dièdre;* les deux demi-plans s'appellent les *faces de l'angle dièdre.*

Fig. 368. — Angle dièdre.

Pour désigner un angle dièdre on nomme d'abord un point de l'une des faces, puis l'arête du dièdre, enfin un point de l'autre face.

L'angle dièdre désigné par PXYQ, a pour arête XY; une de ses faces contient le point P et l'autre le point Q.

601. — **Angle rectiligne d'un angle dièdre.** — Soit un *angle dièdre* AXYB (fig. 369).

Coupons-le par un *plan perpendiculaire à son arête au point* O. La section se compose de deux demi-droites OA et OB perpendiculaires à

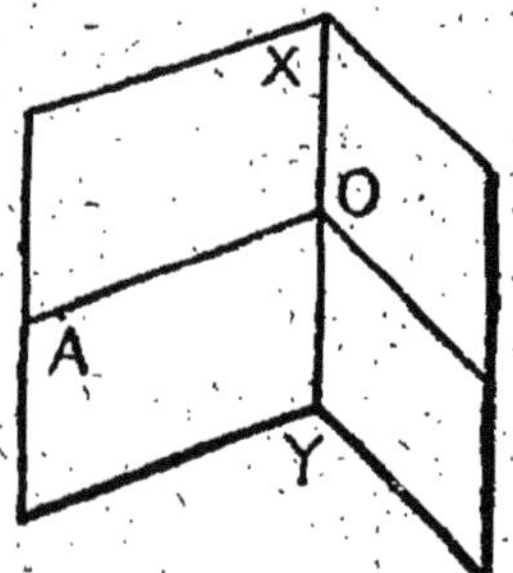

Fig. 369.
Rectiligne d'un dièdre.

l'arête. On dit que l'*angle saillant* $\widehat{AOB}$, formé par ces deux droites, est un **angle rectiligne** du dièdre.

602. — Retournement d'un angle dièdre sur lui-même.

Un angle peut être *retourné* sur lui-même : cela entraîne la propriété analogue pour un angle dièdre.

En effet, déplaçons le dièdre AXYB de *façon à retourner le rectiligne* $\widehat{AOB}$ *sur lui-même* (fig. 369). *Avant* et *après* le déplacement, l'arête XY *est perpendiculaire au point O au plan du rectiligne*. Or, par un point O d'un plan on ne peut mener qu'une perpendiculaire à ce plan. XY occupe donc la même position *après et avant* le retournement, et il en est de même du dièdre.

603. — Théorème. — *Les angles rectilignes correspondants à différents points de l'arête d'un angle dièdre sont égaux.*

Soient $\widehat{AOB}$ et $\widehat{A'O'B'}$ deux angles rectilignes du même dièdre (fig. 370).

Soit I le *milieu* de OO'.

Nous pouvons *retourner* le dièdre sur lui-même, de façon que le *point I ne bouge pas.*

Après le retournement, le point O' est venu au point O, le dièdre est venu en coïncidence avec lui-même, et par suite l'angle $\widehat{A'O'B'}$ est venu coïncider avec l'angle $\widehat{AOB}$.

Ces deux angles sont donc *égaux.*

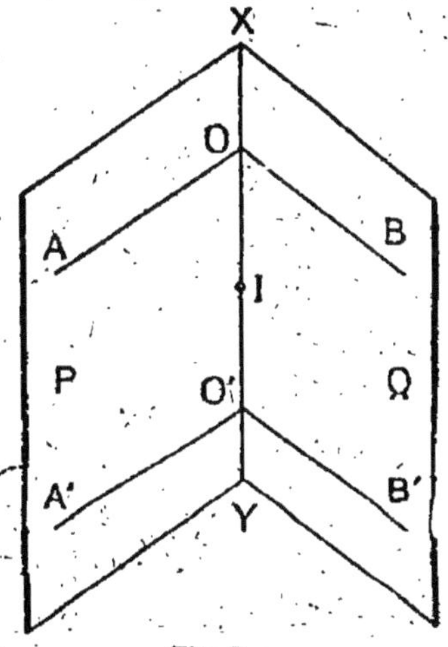

Fig. 370.

604. — REMARQUE. **—** Dans ce retournement O'A' est venu coïncider avec OB et O'B' avec OA.

605. — Théorème. — *Si deux angles dièdres sont superposables, leurs angles rectilignes sont égaux.*

Car après la superposition, les deux angles rectilignes sont devenus les angles rectilignes d'un *même* dièdre.

606. — Réciproquement. — *Si les angles rectilignes de deux dièdres sont égaux, ces angles dièdres sont superposables.*

En effet, *déplaçons* un des dièdres, de manière à *faire coïncider* les angles rectilignes. Alors les deux arêtes seront perpendiculaires au même plan en un même point ; par suite elles *coïncideront*, et il en sera de même des deux dièdres.

607. — Corollaire I. — *Si on a pu superposer deux dièdres en faisant coïncider le point O de l'arête du premier avec le point O′ de l'arête du second, la superposition pourra être faite en faisant coïncider le point O′ avec n'importe quel point O″ de l'arête du second dièdre.*

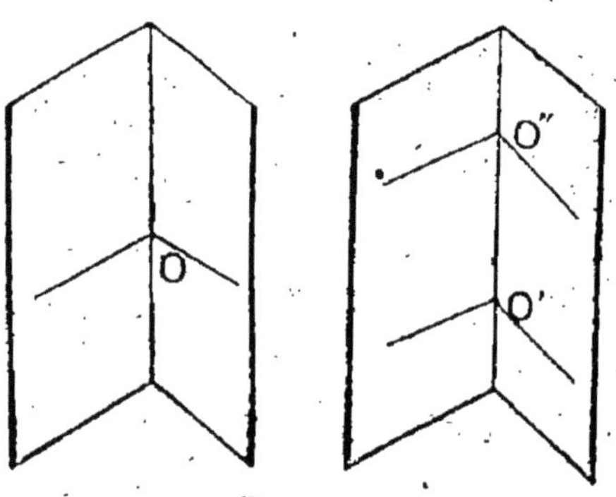

En effet les rectilignes relatifs aux points O et O′ étant égaux, il en est de même des rectilignes relatifs aux points O et O″ ; en superposant ces derniers, on superposera les deux dièdres.

Fig. 371.

608. — Corollaire II. — *Un angle dièdre peut glisser sur lui-même.*

Cela signifie qu'on peut *déplacer* un angle dièdre sans qu'il cesse de coïncider avec un *dièdre fixe*.

609. — Égalité de deux dièdres. — Conformément à la définition générale de l'égalité de deux figures, nous dirons que *deux angles dièdres sont égaux s'ils sont super-posables.*

610. — Condition d'égalité de deux dièdres. — De ce qui précède résulte l'énoncé suivant :

Pour que deux dièdres soient égaux, il faut et il suffit que leurs angles rectilignes soient égaux.

Deux dièdres égaux peuvent être superposés d'une *infinité de manières.*

611. — REMARQUE. — La considération du *rectiligne* d'un dièdre permet d'étendre *immédiatement* aux angles dièdres la *plupart des théorèmes relatifs aux angles.* Nous verrons des exemples de ce fait dans ce qui va suivre. —

612. — Dièdres opposés par l'arête. — *On dit que deux dièdres sont* **opposés par l'arête** *s'ils ont la même arête et si les faces de l'un des dièdres sont les prolongements des faces de l'autre.*

Ainsi les deux dièdres PXYQ et P'XYQ' sont opposés par l'arête (fig. 372).

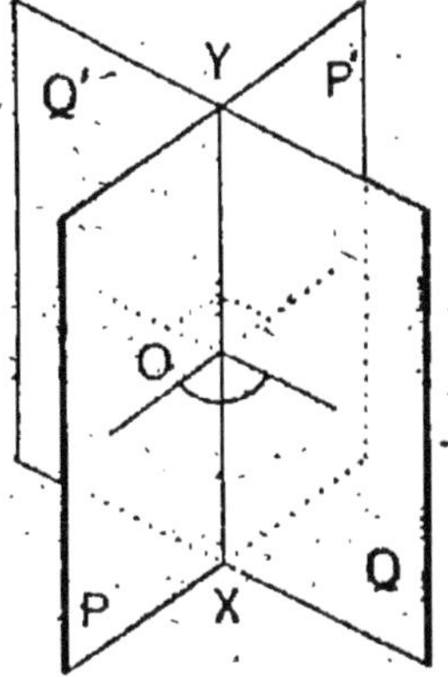

Fig. 372. — Dièdres opposés par l'arête.

613. — Théorème. — *Deux angles dièdres opposés par l'arête sont égaux.*

En effet, on construira leurs rectilignes en coupant les deux dièdres par un plan perpendiculaire au même point O de leur arête commune. Ces rectilignes sont *égaux comme opposés par le sommet,* donc les dièdres sont aussi égaux.

§ 3. — Plans perpendiculaires.

614. — **Définition.** — *Un angle dièdre est dit* **droit** *si son rectiligne est un angle droit.*

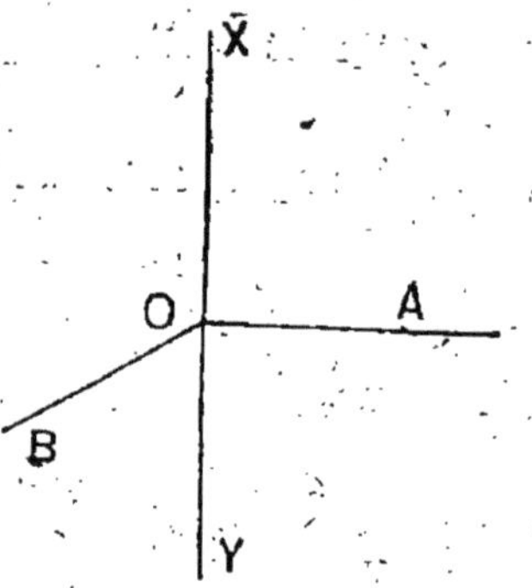

Fig. 373.

Soit un angle droit $\widehat{AOB}$. Élevons la perpendiculaire XY au point O de son plan. Le dièdre AXYB a pour rectiligne l'angle droit $\widehat{AOB}$. C'est un *dièdre droit.*

615. — *Tous les dièdres droits sont égaux,* puisque tous les angles droits sont égaux.

616. — Un angle dièdre es dit *aigu* si son *rectiligne* est un angle *aigu*; il est dit *obtus* si son *rectiligne* est un *angle obtus.*

617. — Considérons deux plans indéfinis qui se coupent suivant une droite XY (fig. 374).

Ils forment quatre dièdres *deux à deux* égaux comme opposés par l'arête. Construisons leurs rectilignes en les coupant par un plan perpendiculaire à XY. Soient AC et BD les deux droites d'intersection qui forment les quatre angles rectilignes. Deux cas sont possibles :

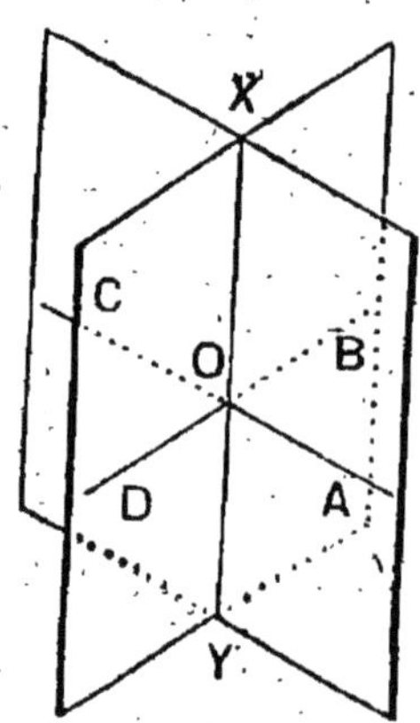

Fig. 374.

1° Les deux droites AC et BD sont *perpendiculaires.* Elles forment quatre angles *égaux*, qui sont des angles droits, et les *quatre dièdres* sont *égaux.* Ce sont des *dièdres droits.*

2° Les deux droites AC et BD *ne sont pas perpendiculaires.*

Elles forment deux angles aigus égaux comme opposés par le sommet et deux angles obtus égaux.

Donc parmi les quatre dièdres, deux sont des dièdres aigus égaux entre eux, les deux autres sont des dièdres obtus égaux entre eux.

618. — **Définition.** — *On dit que deux plans qui se coupent* sont **perpendiculaires** *si les quatre dièdres qu'ils forment sont égaux.*

Chacun de ces dièdres est un dièdre droit.

Si deux plans qui se coupent forment *un dièdre droit,* les trois autres le sont aussi et les *deux plans sont perpendiculaires* : si en effet un des rectilignes est droit, les trois autres rectilignes sont droits.

619. — **Théorème.** — *Si une droite OA est perpendiculaire à un plan P, tout plan Q passant par la droite est perpendiculaire au plan P* (fig. 375).

Les deux plans P et Q qui ont en commun le point O où la droite OA rencontre le plan P, se coupent suivant une droite XY passant par le point O.

Dans le plan P menons la demi-droite OB perpendiculaire à XY. La droite OA étant perpendiculaire au plan P, est perpendiculaire aux deux droites XY et OB menées par son pied dans le plan P.

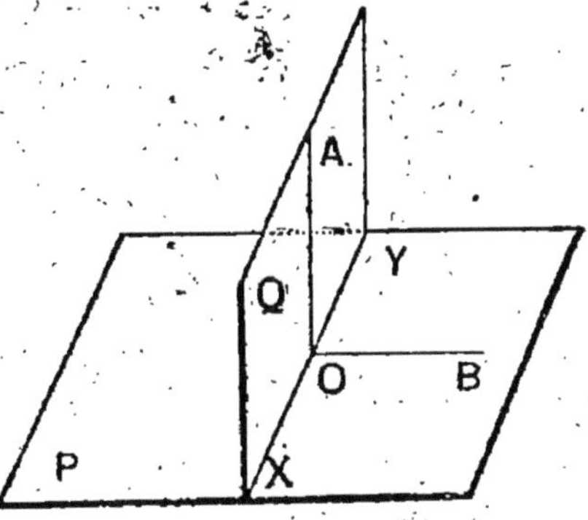

Fig. 375.

De là résulte d'abord que l'angle $\widehat{AOB}$ *est le rectiligne* du dièdre PXYQ et ensuite que *ce rectiligne est droit.*

Le dièdre est donc *droit* et les deux *plans sont perpendiculaires*.

Autre démonstration.

La droite XY partage le plan P en deux demi-plans P_1 et P_2.

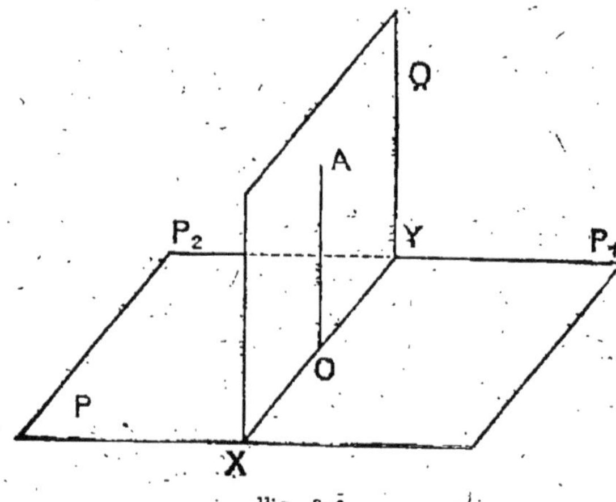

Fig. 376.

Faisons *tourner* la figure autour de la droite OA. Le plan P *glisse sur lui-même*.

Lorsque XY a tourné de 180°, le plan Q a repris *sa position primitive*, le demi-plan P_1 est venu *coïncider* avec le demi-plan P_2, le dièdre $AXYP_1$ est donc venu *coïncider* avec le dièdre $AXYP_2$. Ces deux dièdres sont donc *égaux*, et par suite les plans P et Q sont *perpendiculaires*.

620. — Réciproquement. — *Si deux plans sont perpendiculaires, toute droite menée dans l'un d'eux perpendiculairement à leur intersection est perpendiculaire à l'autre.*

Soient les deux plans perpendiculaires P et Q qui se coupent suivant la droite XY (fig. 375).

Dans le plan Q menons la droite OA perpendiculaire à XY au point O.

Nous allons démontrer que OA est perpendiculaire au plan P.

En effet, menons dans le plan P la demi-droite OB perpendiculaire à XY. L'angle $\widehat{AOB}$ est le *rectiligne* du dièdre PXYQ.

Par hypothèse ce dièdre est *droit*, donc son *rectiligne est droit.*

La droite OA est donc perpendiculaire aux deux droites OB et XY menées par son pied dans le plan P; elle est donc *perpendiculaire au plan* P.

621. — Théorème. — *Si deux plans* P *et* Q *sont perpendiculaires et si par un point de l'un d'eux on mène la perpendiculaire à l'autre, elle est tout entière située dans le premier* (fig. 377).

Par le point A du plan Q abaissons la perpendiculaire Δ sur le plan P et la perpendiculaire AO sur l'intersection XY des plans.

D'après le théorème précédent, AO est *perpendiculaire* au plan P. Or, par un point A on ne *peut mener qu'une perpendiculaire* au plan P.

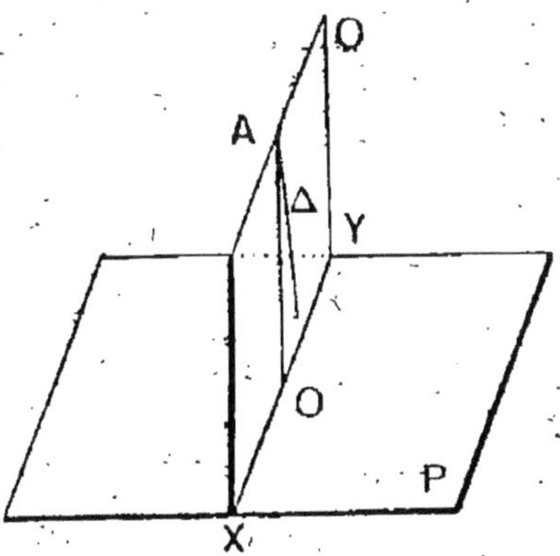

Fig. 377.

Δ se confond donc avec AO et par suite elle est *située dans le plan* P.

622. — Corollaire. — *Si deux plans* P *et* Q *perpendiculaires à un même troisième* R *se coupent, leur intersection est perpendiculaire à ce troisième.*

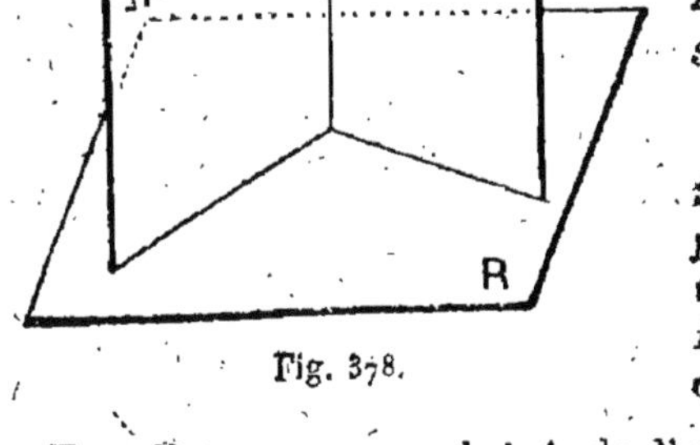

Fig. 378.

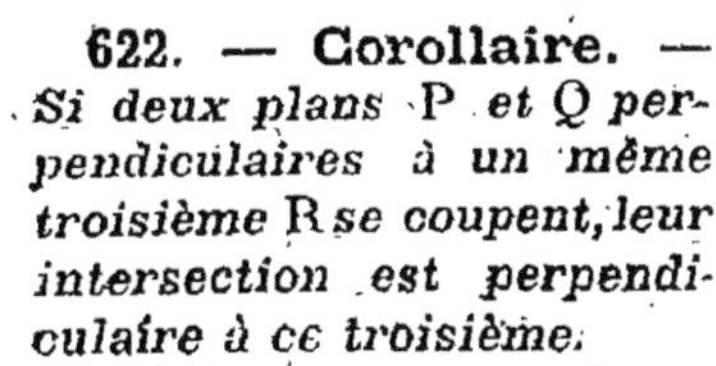

En effet, par un point A de l'*intersection* (fig. 378) abaissons la *perpendiculaire sur le plan* R. D'après le théorème précédent, elle est située dans le plan P et aussi dans le plan Q.

Elle est donc *confondue* avec leur intersection.

EXERCICES THÉORIQUES

§ 1.

778. Quel est le lieu géométrique des perpendiculaires élevées à une droite D en un de ses points O ?

779. Comment se coupent les deux plans P et P′ perpendiculaires respectivement en O aux deux droites OX et OY.

780. Étant données deux droites concourantes OX, OY, montrer qu'il n'est pas possible, en général, de mener par l'une de ces droites un plan perpendiculaire à l'autre : à quelle condition peut-on effectuer une telle construction ?

781. Étant donnés un plan P et une droite OX rencontrant ce plan en O, mener dans le plan P par le point O une droite perpendiculaire à OX.

Comment doit-on déplacer OX pour que sa perpendiculaire dans le plan P reste immobile ?

782. Étant donné un triangle isocèle ABC (AB = AC) dont on connaît l'angle $\widehat{A} = 120^0$ et la hauteur AA′ = a, calculer à quelle distance de A on doit prendre un point M sur la perpendiculaire en A au plan du triangle pour que l'angle $\widehat{BMC}$ soit droit.

783. Étant donné un carré ABCD, on élève aux extrémités A et C de la diagonale AC deux perpendiculaires AA′ et CC′ égales au côté du carré, on joint C à A′ et on mène le plan perpendiculaire à CA′ en un point I tel que $\dfrac{IC}{IA} = \dfrac{1}{2}$, démontrer que ce plan passe par les points C′, B et D.

784. Par le point de concours O de trois droites OX, OY, OZ on mène trois plans respectivement perpendiculaires à ces trois droites qui se coupent suivant OX′, OY′, OZ′. Quelles positions occupent ces trois nouvelles droites par rapport aux trois droites données.

785. Étant donnés deux plans P et P′ qui se coupent suivant une droite XY, et une droite OZ menée perpendiculairement à P par un point O de XY, mener par OZ un plan qui coupe P et P′ suivant deux droites dont la bissectrice soit OZ.

786. Quel est le lieu géométrique des points équidistants de deux points donnés ?

787. Trouver sur une droite donnée D ou sur un cercle donné C un point équidistant de deux points donnés A et B.

788. Étant donnés deux points A et B, comment doit-on choisir un point de l'espace M pour que MA soit inférieur à MB ?

789. Quel est le lieu géométrique des points équidistants de trois points donnés A, B, C non en ligne droite?

790. Trouver dans un plan P un point équidistant de trois points donnés A, B, C non dans le plan P.

791. Étant donnés trois points A, B, C, déterminer les portions d'une droite D et les régions d'un plan P telles que les distances de tous les points de ces régions aux points A, B, C soient dans un ordre de grandeur donné.

792. Déterminer le point situé à égale distance de quatre points donnés non situés dans un même plan.

793. Dans un carré ABCD le sommet A est fixe ainsi que le milieu M du côté BC, quels sont les lieux géométriques des trois sommets B, C, D et du centre O de ce carré?

794. Trouver le lieu géométrique du sommet C d'un triangle dont les sommets A et B sont fixes et les angles en A et B constants.

795. Trouver le lieu géométrique des points d'un plan donné P situés à une distance donnée d'un point donné A, hors du plan P.

796. Trouver sur une droite D d'un plan P les points situés à une distance donnée d'un point donné. Dans quel cas le problème est-il possible?

797. Étant donnés un cercle C et un point O hors du plan du cercle, rechercher quel est le plus court et le plus long des segments de droite allant du point O à un point du cercle C.

798. Soient A et B deux points extérieurs à un plan P. Déterminer dans ce plan le lieu des points d'où la distance AB est vue sous un angle droit.

799. Étant donnés un plan P et une droite OX qui coupe ce plan en O, mener par O dans le plan P une droite OY telle que l'angle XOY soit le plus petit possible.

800. Étant donnés deux points A et B situés d'un même côté d'un plan P, hors de ce plan, déterminer le point du plan P pour lequel la somme des distances aux points A et B est minima.

801. Étant donnés deux points A et B situés de part et d'autre d'un plan P, déterminer le point M du plan P tel que la différence des distances de C à A et B soit maxima.

802. Étant donnés un plan P et une droite D qui coupe le plan P, rechercher sur la droite D un point M qui soit équidistant d'un point A fixé sur la droite D et du plan P.

§ 2.

803. Démontrer que les angles dièdres sont des grandeurs proportionnelles à leurs rectilignes.

804. Démontrer que si deux dièdres adjacents sont supplémentaires, leurs faces extérieures sont en prolongement et réciproquement.

805. Démontrer que la somme des dièdres ayant même arête formés autour de cette arête par un nombre quelconque de demi-plans placés d'une façon quelconque est égale à 4 droits.

806. Appelant *plan bissecteur* d'un dièdre un demi-plan qui, passant par l'arête, divise ce dièdre en deux dièdres égaux, démontrer que les quatre plans bissecteurs des dièdres formés par deux plans qui se coupent sont deux à deux en prolongement.

807. Démontrer que lorsqu'on retourne un dièdre sur lui-même son plan bissecteur revient en coïncidence avec lui-même.

808. Étant donné un angle $\widehat{XOY}$, on élève en O une perpendiculaire OZ à son plan, évaluer les dièdres formés par les trois plans XOY, ZOX, YOZ.

809. Étant données trois droites concourantes OX, OY, OZ, on mène par O à chacun des plans XOY, YOZ, ZOX des demi-droites OZ′, OX′, OY′ respectivement perpendiculaires à ces plans et situés du même côté que la troisième droite par rapport au plan des deux autres, démontrer que l'angle $\widehat{X'O'Y'}$ est supplémentaire du dièdre X.OZ.Y.

810. On donne un carré ABCD de centre O; on élève en O la perpendiculaire OS au plan ABCD d'une longueur égale à la demi-diagonale du carré; évaluer : 1° connaissant le côté du carré, la distance de O au plan SAB; 2° l'angle dièdre S.AB.O; 3° l'angle dièdre C.SA.B.

811. On donne un triangle équilatéral ABC et on élève au point de concours G des médianes une perpendiculaire GS telle que $\dfrac{GS}{AB}=\sqrt{\dfrac{2}{3}}$; évaluer : 1° connaissant le côté du triangle, la distance de G au plan SAB; 2° l'angle dièdre S.AB.G; 3° l'angle dièdre B.SA.C

812. Étant donné un carré ABCD de centre O, on élève en O au plan de ce carré une perpendiculaire OS égale au demi-côté du carré; calculer les angles dièdres S.AB.O et A.SB.C.

813. Étant donnés deux triangles équilatéraux ABC, ABD ayant le côté AB commun, quelle valeur doit avoir le dièdre D.AB.C pour que le dièdre A.CB.D soit droit?

[*On calculera une ligne trigonométrique de la moitié du dièdre D.AB.C.*]

814. Étant donnés deux triangles rectangles égaux, ABC et ABC′ $(AC = AC', \ \widehat{C} = 90^\circ)$ dont les plans forment un angle dièdre de 60°, calculer, connaissant les longueurs des côtés du triangle, l'angle dièdre A.CC′.B.

815. On considère un trapèze rectangle OO′A′A dont OO′ est la hauteur et on trace dans les plans perpendiculaires à OO′ en O et O′ les deux hexagones réguliers convexes ABCDEF, A′B′C′D′E′F′ de centres O et O′ et de rayons OA et O′A′; calculer, connaissant OO′ = h, OA = R, O′A′ = R′ : 1° l'angle dièdre A.BB′.C; 2° l'angle dièdre O.AB.A′ et l'angle dièdre A.A′B′.O.

[*Calculer une ligne trigonométrique de chacun des dièdres demandés.*]

§ 3.

816. Démontrer que les intersections de trois plans perpendiculaires deux à deux sont trois droites également perpendiculaires deux à deux. Inversement, démontrer que trois droites perpendiculaires deux à deux déterminent trois plans perpendiculaires entre eux.

817. Mener par deux points A et B deux plans perpendiculaires à un plan P donné tels que leur intersection passe par un troisième point donné C.

818. Mener par un plan donné A un plan perpendiculaire à deux plans donnés.

819. Les quatre plans bissecteurs des dièdres formés par deux plans qui se coupent sont deux à deux perpendiculaires.

820. Rechercher le lieu géométrique des points équidistants d'un plan P et d'une droite D située dans ce plan.

821. Étant donnés un cercle C de centre O et un point A, hors du plan du cercle, déterminer les points M du cercle tels que la droite AM soit perpendiculaire à la tangente au cercle au point M.

822. Étant donnés deux plans rectangulaires et une droite qui les coupe en A et B, on abaisse de A une perpendiculaire AA', de B une perpendiculaire BB' sur l'intersection des deux plans et on joint BA' et AB'; démontrer que la somme $\widehat{B'AB} + \widehat{A'BA}$ est inférieure à $90°$.

823. Démontrer qu'un plan P qui coupe les deux faces d'un dièdre suivant des droites également inclinées sur l'arête est perpendiculaire au plan bissecteur du dièdre.

824. On considère un plan qui coupe en A, B, C trois droites concourantes OX, OY, OZ rectangulaires deux à deux, on abaisse de O la perpendiculaire OH sur le plan ABC; démontrer que H est le point de concours des hauteurs du triangle ABC.

825. Construire un point O d'où l'on voie les trois côtés d'un triangle rectangle sous un angle droit.

[S'aider de l'exercice précédent.]

826. Étant données trois droites concourantes, on fait passer par chacune d'elles un plan perpendiculaire au plan des deux autres. Démontrer que les trois plans obtenus passent par une même droite.

827. Par une droite mener un plan tel que l'un des dièdres qu'il détermine avec un plan donné soit égal à un dièdre donné.

828. Étant donné un dièdre A.YX.B et un point B dans l'une des faces, mener dans cette face la droite BC coupant XY au point C de manière que si B' est le pied de la perpendiculaire abaissée du point B sur le plan AXY l'angle $\widehat{BCB'}$ soit égal à un angle donné.

829. Par deux droites concourantes OX, OY respectivement, on fait passer deux plans variables mais formant toujours un dièdre droit. Rechercher le lieu géométrique du point où l'arête de ce dièdre perce un plan fixe perpendiculaire à OX.

830. Étant donnés deux plans P et Q perpendiculaires se coupant suivant une droite XY et un point A, hors de ces deux plans, mener par A un plan R perpendiculaire à P et un plan S perpendiculaire à Q tels que les intersections de R et de P d'une part, de S et de Q d'autre part, soient concourantes sur XY et perpendiculaires entre elles.

831. Étant donnés deux plans P et Q perpendiculaires se coupant suivant XY; par un point A également distant de ces deux plans d'une distance d on mène deux plans, l'un R perpendiculaire à P et dont l'intersection avec P fasse un angle égal à α avec XY, l'autre S perpendiculaire à Q et dont l'intersection avec Q fasse un angle égal à β avec XY. Connaissant d, α et β, calculer la distance des deux points où l'intersection des plans R et S coupe les deux plans donnés P et Q.

CHAPITRE III

PARALLÉLISME

§ 1. — Droites parallèles.

623. — **Définition.** — En géométrie plane, deux droites indéfinies sont dites *parallèles* lorsqu'elles n'ont aucun point commun.

La notion de droites parallèles est conservée sans modification en géométrie dans l'espace, mais en précisant que *deux droites parallèles* sont nécessairement *dans un même plan.*

Deux droites indéfinies sont dites parallèles si elles sont contenues dans un même plan et si elles n'ont aucun point commun.

On voit ici, au point de vue des démonstrations, une différence importante avec là géométrie plane. En géométrie *plane*, pour démontrer que deux droites sont parallèles, il *suffit* d'établir qu'elles *n'ont pas de point commun.* En géométrie *dans l'espace*, il faut en outre s'assurer qu'elles sont *situées dans le même plan.*

624. — **Axiome des parallèles.** — L'axiome des parallèles subsiste en géométrie dans l'espace :

Par un point O extérieur à une droite AB on peut mener une parallèle à AB et une seule.

En effet, pour mener par O une parallèle à AB, on devra *d'abord* mener un *plan* passant par AB et le point O. Il y en a *un* et *un seul.*

Puis, *dans ce plan*, mener une *parallèle* à AB. Il y en a une et une seule.

625. — REMARQUE. — Comme en géométrie plane, nous allons faire l'étude du parallélisme en utilisant là *symétrie par rapport à un point* et la *translation rectiligne*.

626. — Symétrie par rapport à un point. — Même définition qu'en géométrie plane :

*Deux points M et M' sont dits **symétriques** par rapport à un point O, si O est le milieu du segment rectiligne qui a ces deux points pour extrémités.*

Deux figures sont dites *symétriques* par rapport au *point* O, si leurs points sont *symétriques deux à deux* par rapport au point O. Une figure admet un point O comme *centre de symétrie*, lorsque ses points sont *symétriques* deux à deux par rapport au point O.

627. — En géométrie plane *deux figures symétriques par rapport à un point* O sont *superposables* par un *glissement* de leur plan sur lui-même. Rien de pareil ne subsiste en géométrie *dans l'espace*. Et en général, deux figures *symétriques par rapport à un point* ne sont pas *superposables*.

Mais il y a des cas d'exception. Ainsi :

La figure symétrique d'une droite indéfinie AB par rapport à un point O est une *droite* A'B' qui est parallèle à AB.

La figure symétrique d'un segment AB par rapport à un point O est un *segment égal*.

Tout cela est évident, puisqu'il s'agit de symétrie dans le plan AOB.

628. — Théorème. — *La figure symétrique d'un plan* P *par rapport à un point* O *est un plan* P'.

Dans le plan P prenons une droite *fixe* AB et un point *fixe* C (fig. 379).

Il leur correspond dans la symétrie par rapport au point O, une droite A'B' et un point C'.

Soit M un point quelconque de AB.

Son *symétrique* M′ est un *point de* A′B′. La droite CM a pour symétrique la droite C′M′.

Lorsque le point M décrit AB, la droite CM engendre

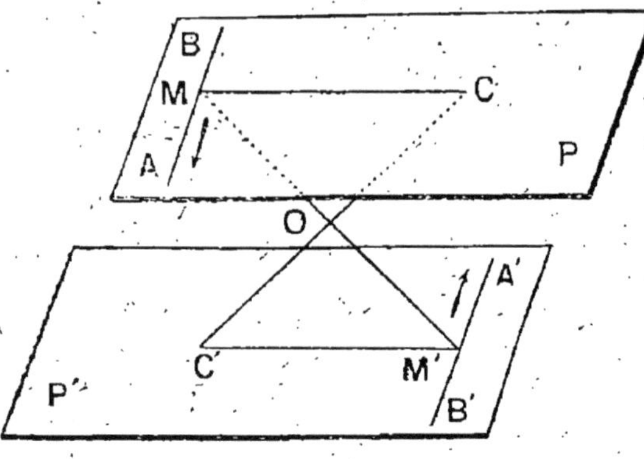

Fig. 379.

le plan P (§ 571), et la droite C′M′ engendre la figure symétrique du plan P. Or lorsque M′ décrit la droite A′B′, la droite C′M′ engendre un plan passant par A′B′ et le point C′.

629. — Corollaire. — *Les plans de deux angles dont les côtés sont parallèles sont symétriques par rapport au milieu du segment rectiligne qui joint leurs sommets.*

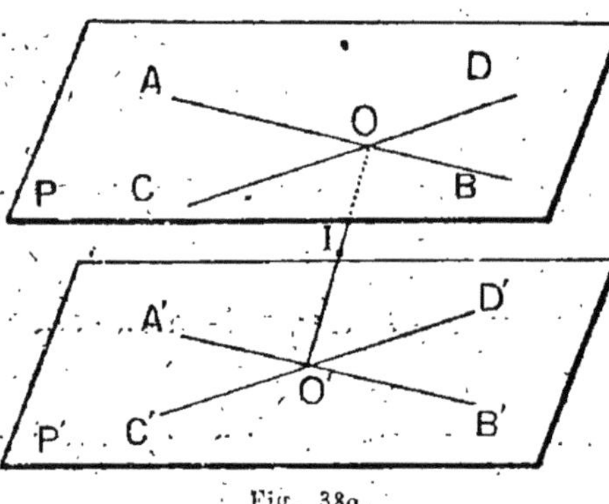

Fig. 380.

Soient P et P′ les plans de deux angles $\widehat{AOC}$ et $\widehat{A'O'C'}$ dont les côtés sont paral lèles et I le milieu de OO′ (fig. 380).

Les droites AB et A′B′ étant parallèles *sont symétriques* par rapport au point I.

De même, les droites CD et C'D' *sont symétriques* par rapport au point I.

Si donc on considère le *plan symétrique du plan* P par rapport au point I, il contient les droites A'B' et C'D'. Il *coïncide donc avec* P'.

630. — Mouvement de translation rectiligne. —

Soit un plan *fixe* P et une droite *fixe* XY située dans ce plan (fig. 381).

Considérons un plan P' appliqué sur le plan P; soit une droite X'Y' tracée sur le plan P' et coïncidant avec XY.

On peut *faire glisser* le plan P' sur le plan fixe P de manière que X'Y' glisse sur XY.

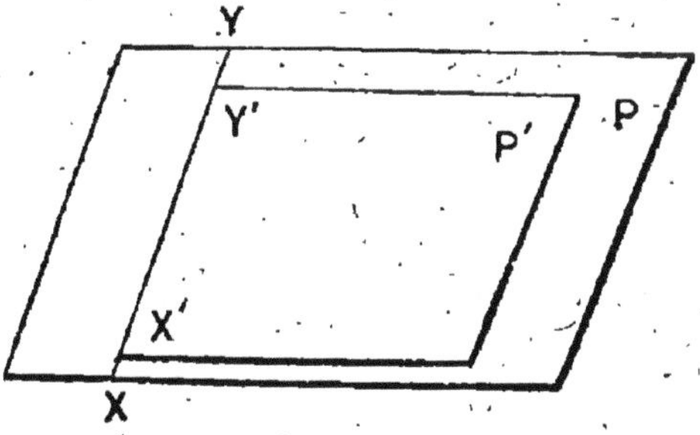

Fig. 381.

Le mouvement que prend le plan P' est le mouvement de *translation rectiligne* étudiée en géométrie plane.

Rappelons que :

1° *Toute droite du plan P' parallèle à* XY *glisse sur elle-même.*

2° *Toute droite du plan P' non parallèle à* XY *ne glisse pas sur elle-même : dans chacune de ces positions elle est parallèle à sa position primitive.*

631. — Extension à la géométrie dans l'espace. —

Considérons maintenant une figure F de l'espace, invariablement liée au plan mobile P' (ce sera par exemple un corps solide placé sur le plan P' et invariablement fixé à lui).

Le plan P' dans son déplacement entraîne la figure F; le mouvement qu'elle prend s'appelle un *mouvement de translation rectiligne.*

EXEMPLE. — Lorsqu'on ouvre ou ferme un tiroir on lui imprime, *ainsi qu'aux objets qu'il contient,* un mouvement de translation rectiligne.

Lorsqu'un train parcourt une voie rectiligne, le corps de chaque wagon a un mouvement de translation rectiligne.

632. — Remarque I. — Il est évident que dans un mouvement de translation rectiligne il *n'y a pas de point qui reste immobile.*

633. — Remarque II. — *Tout plan passant par la glissière XY (glissière fondamentale) glisse sur lui-même.*

Cela résulte de ce qu'un *dièdre peut glisser sur lui-même.*

Par conséquent, pour « guider » le *mouvement de trans-lation,* on peut, sans modifier ce mouvement, substituer au plan de glissement fondamental P tout autre plan passant par la glissière XY.

Pour définir un mouvement de translation, il est donc inutile de préciser quel est le plan de glissement fonda-mental : il suffit de dire quelle est la glissière fondamentale.

DROITES GLISSANT SUR ELLES-MÊMES.

634. — Théorème. — *Toute parallèle à la glissière fondamentale XY glisse sur elle-même.*

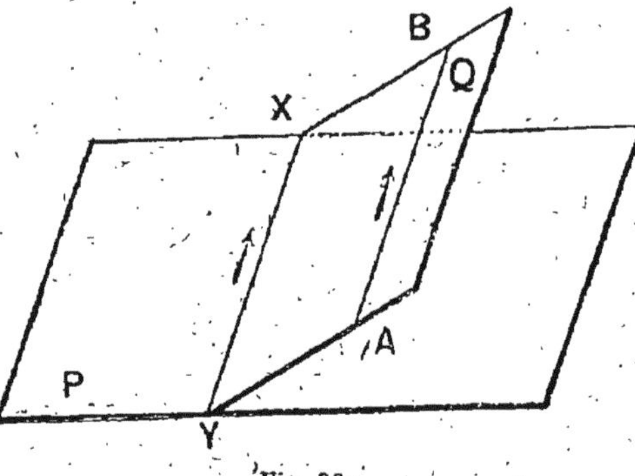

Fig. 382.

Soit AB une droite parallèle à XY (fig. 382).

Nous supposons que AB est entraînée dans le mouvement de translation.

AB et XY étant parallèles sont dans un même plan Q. Ce plan passant par la glissière fondamentale *glisse sur lui-même*, XY servant de glissière. Et par suite, comme on l'a vu en géométrie plane, et comme on vient de le rappeler, AB *glisse aussi sur elle-même.*

635. — Réciproquement. — *Si une droite AB glisse sur elle-même elle est parallèle à la glissière fondamentale.*

Par le point A de AB menons la parallèle AB' (fig. 383) à XY. Cette droite *glisse* sur elle-même comme nous venons de le voir. Il s'agit de démontrer qu'elle se confond avec AB.

En effet, si les deux glissières **AB** et **AB'** étaient distinctes, le point A devrait se mouvoir *en restant à la fois sur* AB *et sur* AB', ce qui est impossible.

636. — Théorème. — *On peut substituer à la glissière fondamentale XY une glissière quelconque X'Y' sans modifier le mouvement.*

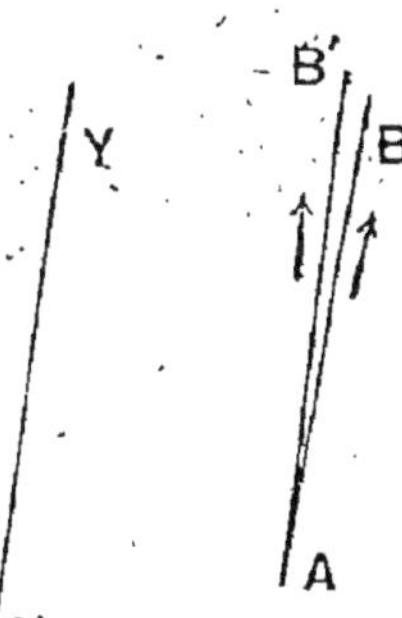

Fig. 383.

Les deux droites XY et X'Y' étant parallèles (fig. 384) sont dans un même plan Q qui *glisse sur lui-même* et que l'on peut prendre pour plan de glissement fondamental (§ 633). Or le mouvement de ce plan Q est le même, que l'on prenne comme glissière fondamentale la glissière XY ou la glissière X'Y'.

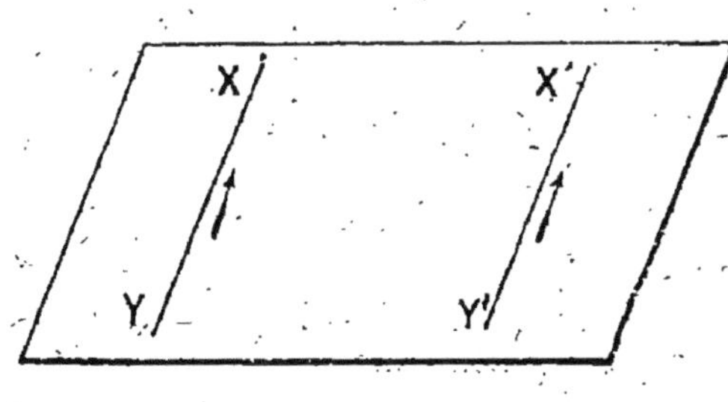

Fig. 384.

Il n'y a donc aucune distinction à faire entre la glissière XY et l'une quelconque des glissières.

637. — **Corollaire I.** — *Toute parallèle à une glissière quelconque est une glissière (§ 634).*

638. — **Corollaire II.** — *Deux glissières quelconques sont parallèles (§ 635).*

639. — **Corollaire III.** — *Tout plan passant par une glissière quelconque glisse sur lui-même (§ 633).*

640. — **Théorème.** — *Toute droite Δ rencontrant une glissière devient par translation une parallèle Δ' à Δ (fig. 385).*

En effet, le plan passant par Δ et la glissière *glisse* sur lui-même, et dans ce plan la droite Δ se déplace *parallèlement* à elle-même, comme on l'a vu en géométrie plane.

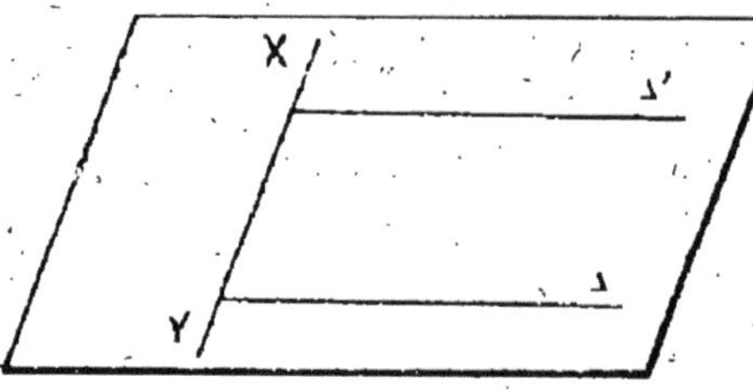

Fig. 385.

Appliquons ces résultats à la théorie des droites parallèles.

641. — **Théorème.** — *Deux droites D_1 et D_2 parallèles à une même troisième D sont parallèles entre elles (fig. 386).*

En effet, considérons un *mouvement de translation* de glissière D : D_1 et D_2 étant *parallèles* à D *glissent sur elles-mêmes*. Donc elles sont *parallèles* entre elles, puisque dans un mouvement de translation deux glissières *quelconques* sont parallèles.

642. — **Théorème.** — *Deux angles dont les côtés sont parallèles et de même sens, sont égaux.*

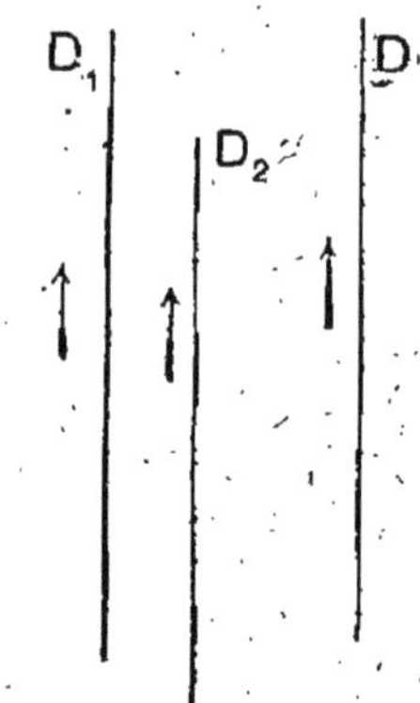

Fig. 386.

Soient les deux angles $\widehat{AOB}$ et $\widehat{A'O'B'}$ (fig. 387) tels que OA et O'A' sont parallèles et de même sens ainsi que OB et O'B'.

Une *translation* de glissière OO' qui amène le point O au point O'-*superpose* les deux angles.

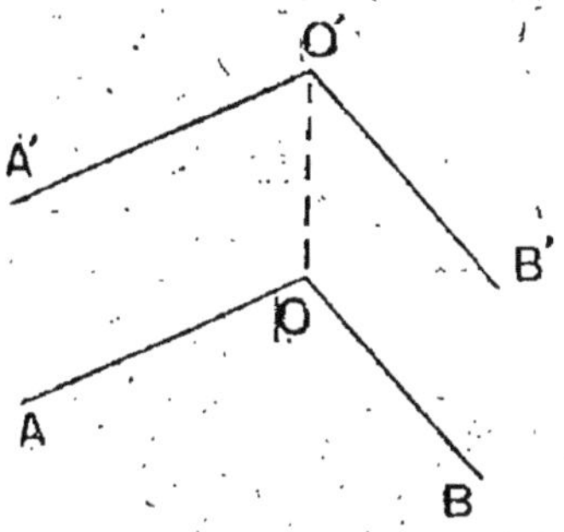

Ils sont donc *égaux*.

643. — Corollaire. — *Deux angles dont les côtés sont parallèles et de sens contraires sont égaux.*

Soient les deux angles $\widehat{AOB}$ et $\widehat{A_1O'B_1}$ (fig. 388) dans lesquels OA et O'A$_1$ sont *parallèles*

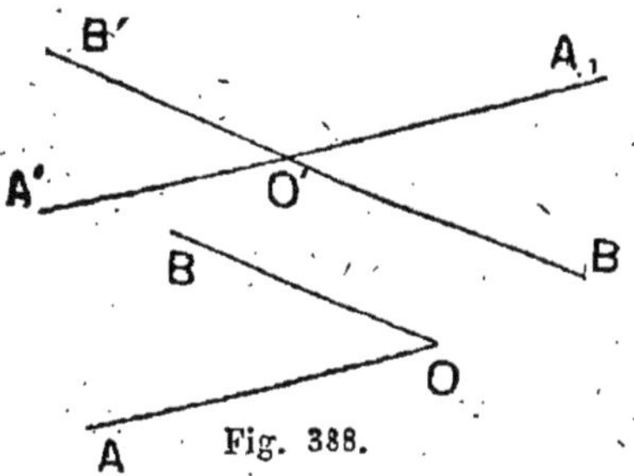
Fig. 388.

et de *sens contraires* ainsi que OB et O'B$_1$. Ces deux angles sont égaux. Soit en effet $\widehat{A'O'B'}$ l'angle opposé par le sommet à $\widehat{A_1O'B_1}$.

L'angle $\widehat{AOB}$ est égal

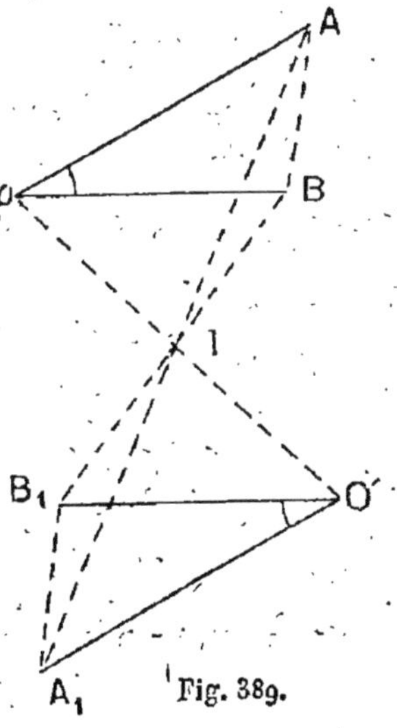
Fig. 387.— Angles ayant leurs côtés parallèles.

à l'angle A'O'B' (§ 642) qui est égal lui-même à $\widehat{A_1O'B_1}$.

DÉMONSTRATION DIRECTE. — Soit I le milieu de OO'. Les deux angles sont symétriques par rapport au point I.

Prenons

$$OA = O'A_1$$
$$OB = O'B_1 \quad \text{(fig. 389).}$$

Les points A et A$_1$ sont symétriques par rapport au point I.

De même B et B$_1$ sont symétriques par rapport au point I. Les deux segments rectilignes AB et A$_1$B$_1$ étant symétriques par rapport au point O sont *égaux*.

Fig. 389.

Les deux *triangles* OAB et O'A₁B₁ ont donc leurs *trois côtés respectivement égaux* : ils sont donc égaux et par suite

$$\widehat{AOB} = \widehat{A_1O'B_1}.$$

644. — Corollaire. — *Deux angles dont deux côtés sont parallèles et de même sens et deux autres parallèles et de sens contraires sont supplémentaires.*

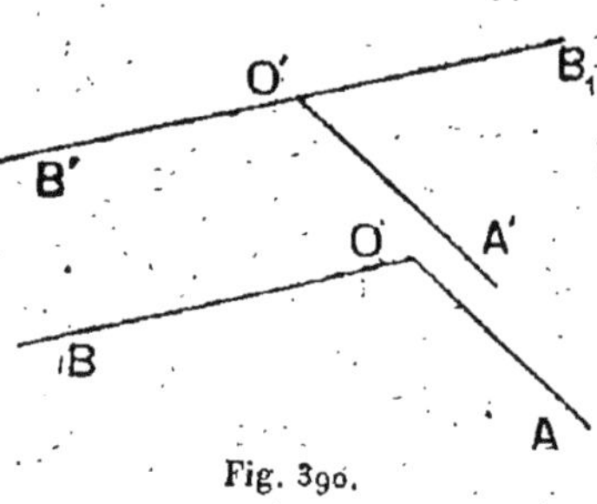

Fig. 390.

Soient les deux angles $\widehat{AOB}$ et $\widehat{A'O'B_1}$ dans lesquels OA et O'A' sont *parallèles et de même sens*, OB et O'B₁ parallèles et *de sens contraires*.

Soit O'B' le prolongement de O'B₁. L'angle $\widehat{AOB}$ est égal à l'angle $\widehat{A'O'B'}$ qui est le supplément de $\widehat{A'O'B_1}$.

Les deux angles considérés sont donc *supplémentaires.*

GÉNÉRALISATION DE LA NOTION D'ANGLE.

645. — Définition. — Soient deux demi-droites AX et BY non situées dans un même plan.

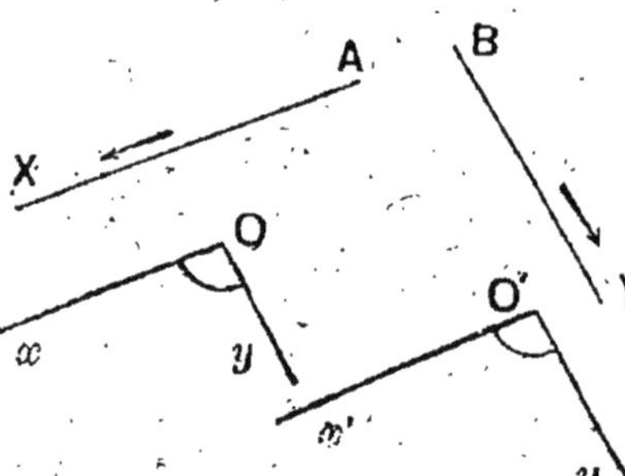

Fig. 391. — Angle de deux droites.

Nous allons définir ce qu'on appelle l'*angle de ces deux demi-droites.*

Par un point O de l'espace, menons une demi-droite Ox *parallèle* à AX et *de même sens* et une demi-droite Oy *parallèle* à BY et *de même sens.*

Nous formons ainsi un angle rectiligne $\widehat{xOy}$.

La grandeur de l'angle ainsi obtenu ne dépend pas du point O choisi.

Refaisons en effet la construction précédente en prenant un autre point O' : nous obtenons un angle rectiligne $\widehat{x'O'y'}$.

Les côtés Ox et O'x' étant *parallèles à une même droite* AX sont parallèles entre eux (§ 641). Ils sont d'ailleurs de même sens.

De même Oy et O'y' sont parallèles et de même sens.

Les deux angles $\widehat{xOy}$ et $\widehat{x'O'y'}$ ayant leurs côtés *parallèles et de même sens* sont égaux.

On appelle angle des deux demi-droites AX *et* BY *l'angle rectiligne* $\widehat{xOy}$ *obtenu en menant par un point quelconque* O *deux demi-droites* Ox *et* Oy *respectivement parallèles à* AX *et* BY *et de même sens.*

646. — Angle de deux droites indéfinies non situées dans un même plan.

Par un point O de l'espace menons deux parallèles x'x et y'y aux deux droites données X'X et Y'Y.

Ces deux droites x'x et y'y forment quatre angles qui sont les angles de X'X et Y'Y. De sorte que l'angle des deux droites X'X et Y'Y a deux déterminations supplémentaires l'une de l'autre.

Remarque. — *Si deux droites* X'X *et* Y'Y *sont parallèles l'angle de ces deux droites est nul,* puisque Ox et Oy coïncident.

647. — Droites orthogonales. — *On dit que deux droites sont* **orthogonales** *si leur angle est droit.*

Deux droites *perpendiculaires* sont deux droites ortho gonales qui se rencontrent.

§ 2. — Plans parallèles.

648. — **Définition.** — *Deux plans indéfinis sont dits* **parallèles** *s'ils n'ont aucun point commun.*

Nous allons démontrer tout à l'heure qu'il existe des plans qui ne se rencontrent pas.

649. — **Positions relatives de deux plans.** — Examinons tout d'abord quelles sont les *positions relatives* que peuvent occuper deux plans *distincts*.

Les seuls cas logiquement possibles sont les suivants :

1° Les *plans n'ont pas de point commun* ;

2° Ils *ont un point commun* : Nous savons que dans ce cas ils ont en commun *une droite* indéfinie ; les deux plans *se coupent* suivant cette droite.

Il n'y a pas d'autre cas possible, car si les plans avaient un point commun en dehors de cette droite, ils coïncideraient.

En résumé, deux plans peuvent :

1° *Être confondus* ; 2° *Être parallèles* ; 3° *Se couper.*

650. — **Théorème.** — *Deux plans symétriques par rapport à un point extérieur à ces deux plans sont parallèles.*

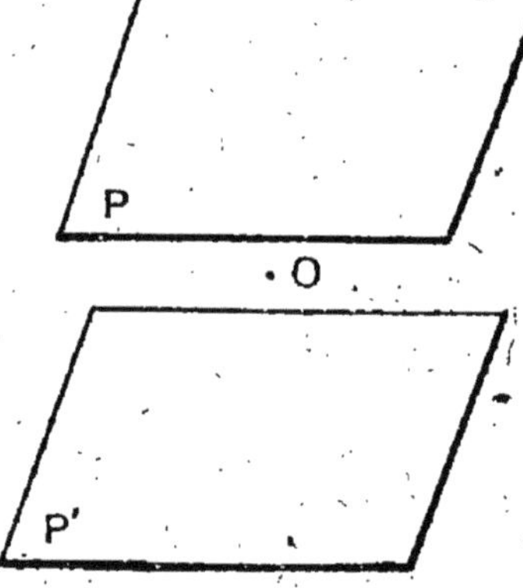

Fig. 392.

Soit un plan P et un point O *extérieur* au plan P (fig. 392).

Considérons le plan P' *symétrique* du plan P par rapport au point O. Si les plans P et P' n'étaient pas parallèles, ils auraient une infinité de points communs : soit A un de ces points *distincts de* O et A' son symétrique. A étant à la fois dans P et P' son symétrique A' serait également dans P' et P. La droite AA tout entière serait donc à la fois dans les deux plans et le point O situé sur elle serait également dans P, ce qui est contraire à l'hypothèse.

651. — Corollaire. — *Les plans de deux angles ayant leurs côtés parallèles sont parallèles.*

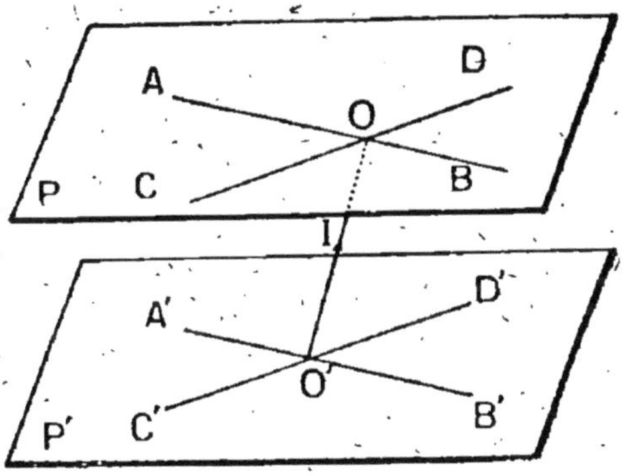

Traçons dans un plan P deux droites AB et CD se coupant au point O (fig. 393).

Par un point O' extérieur au plan P, menons A'B' *parallèle* à AB et C'D' *parallèle* à CD.

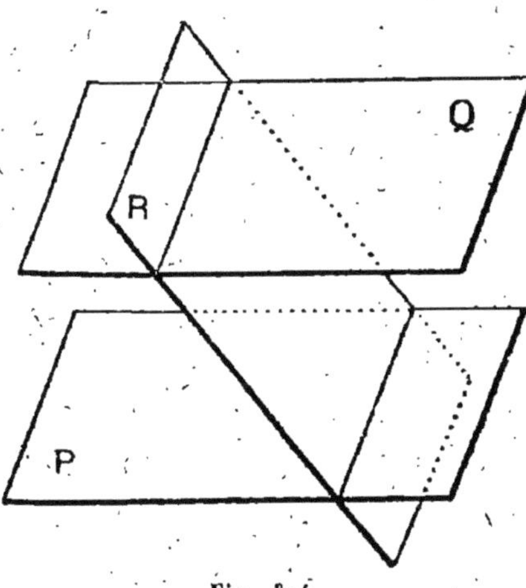

Fig. 393.

Soit P' le plan des deux droites A'B' et C'D'.

Nous allons montrer que les plans P et P' sont parallèles.

Soit en effet I le milieu de OO'.

Ce point est extérieur au plan P.

Le plan P' est le symétrique du plan P par rapport au point I (§ 629).

Il est donc parallèle à P (§ 650).

Fig. 394.

652. — Remarque. — *Si deux plans parallèles sont coupés par un même troisième, les intersections sont parallèles.*

Car elles sont situées dans un même plan et n'ont pas de point commun (fig. 394).

653. — **Théorème** (Réciproque du 65o . — *Deux plans parallèles P et P' sont symétriques par rapport au milieu I de toute sécante OO' (fig. 3g5).*

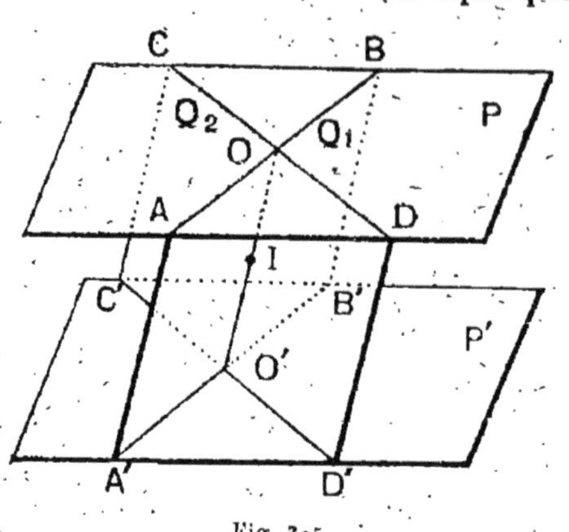

Fig. 3g5.

Par OO' faisons passer deux plans Q_1 et Q_2. Le plan Q_1 coupe les plans P et P' suivant deux droites AB et A'B' qui sont *parallèles* (remarque précédente).

De même le plan Q_2 coupe les deux plans P et P', suivant deux droites parallèles CD et C'D'.

Les angles $\widehat{O}$ et $\widehat{O}'$ ayant leurs côtés parallèles, leurs plans P et P' sont symétriques par rapport au milieu I de OO' (§ 6a9).

654. — Il y a donc *équivalence* entre la *notion de plans parallèles* et celle de *plans symétriques* par rapport à un *point extérieur.*

655. — **Théorème.** — *Par un point O extérieur à un plan P on peut mener un plan parallèle au plan P et un seul.*

1° On peut en *mener un.*

Soit A un point du plan P et I le *milieu* de OA (fig. 3g6).

Le plan P' *symétrique* du plan P par rapport au point I passe par le point O et il est *parallèle* au plan P (§ 65o).

2° On n'en *peut mener qu'un.*

S'il y en avait un autre P'', il serait aussi symétrique

de P par rapport au point I (§ 653); or cela est impossible, car une figure n'a qu'une *seule symétrique* par rapport à un point donné.

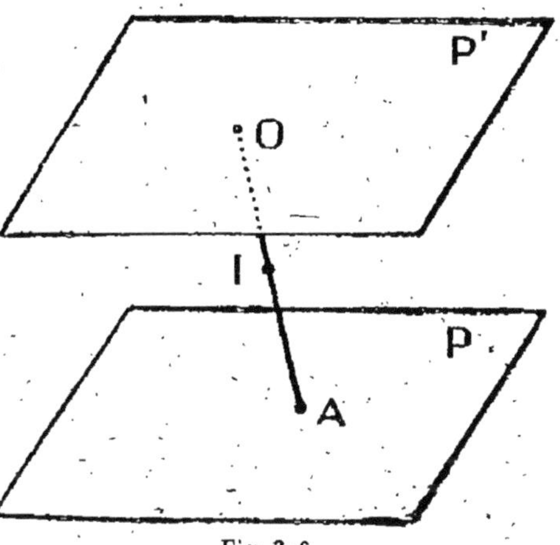

656. — Théorème. — *Deux plans parallèles à un même troisième sont parallèles.*

Car, s'ils se coupaient, par un point de leur intersection, il passerait *deux* plans parallèles au troisième.

Fig. 396.

657. — Théorème. — *Si deux plans sont parallèles, tout plan qui coupe l'un coupe l'autre et les intersections sont parallèles.*

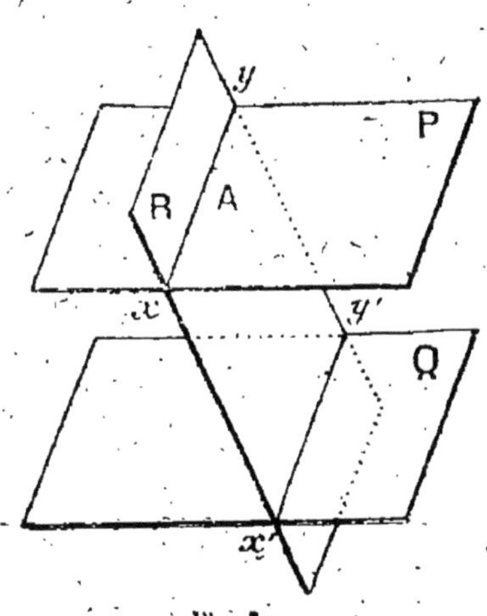

Fig. 397.

Soient les deux plans parallèles P et Q, et R un plan coupant le plan P (fig. 397), suivant XY.

Montrons qu'il coupe le plan Q. En effet, si le plan R était parallèle au plan Q, par le point A commun à P et R, on pourrait mener *deux plans distincts* P et R *parallèles* au plan Q, ce qui est impossible.

Le plan R *coupe donc le plan* Q et les intersections xy et $x'y'$ sont parallèles, comme **on l'a** déjà remarqué (§ 652).

658. — Théorème. — *Deux plans distincts P et P' qui dérivent l'un et l'autre par une translation sont parallèles.*

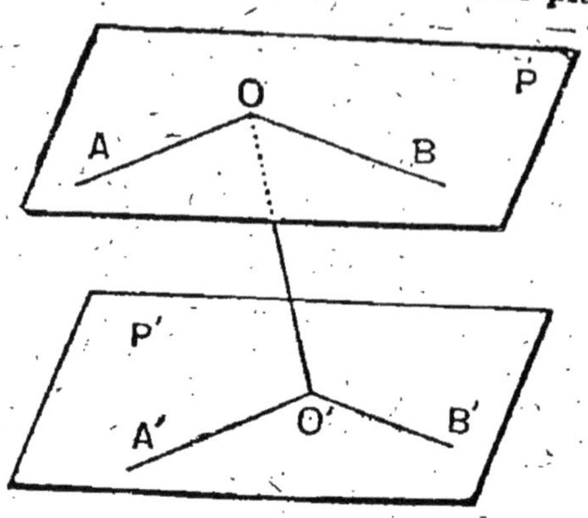

Fig. 398.

Soient les deux plans P et P' dérivant l'un de l'autre par la translation rectiligne qui amène le point O au point O' situé hors du plan P (fig. 398).

Traçons dans le plan P deux droites OA et OB.

Elles deviennent, *par la translation,* deux droites O'A' et O'B' situées dans le plan P' et *respectivement parallèles* à OA et OB (§ 640).

Les deux angles AOB et A'O'B' ayant leurs côtés parallèles, leurs plans sont parallèles (§ 651).

659. — Réciproquement. — *Deux plans parallèles peuvent être superposés par une translation.*

Soient deux plans parallèles P et P' (fig. 398), O un point quelconque du plan P, O' un point quelconque du plan P'.

Faisons subir au plan P la translation qui amène le point O au point O'. Nous allons montrer que le plan P vient coïncider avec P'.

En effet, le plan P devient un plan P_1 parallèle à P et passant par le point O'. Mais par le point O' on ne peut mener *qu'un seul plan parallèle* au plan P : P_1 *coïncide donc avec* P'.

660. — *Il y a donc équivalence entre la notion de plans parallèles et celle de plans superposables par translation.*

§ 3. — Droite parallèle à un plan.

661. — **Définition.** — *On dit qu'une droite indéfinie est parallèle à un plan lorsqu'elle* n'a aucun point commun avec lui.

Montrons qu'il existe des droites et des plans répondant à cette définition.

Soient, en effet, deux plans parallèles P et Q (fig. 399). Une droite AB, située dans le plan P, n'a évidemment aucun point commun avec le plan Q.

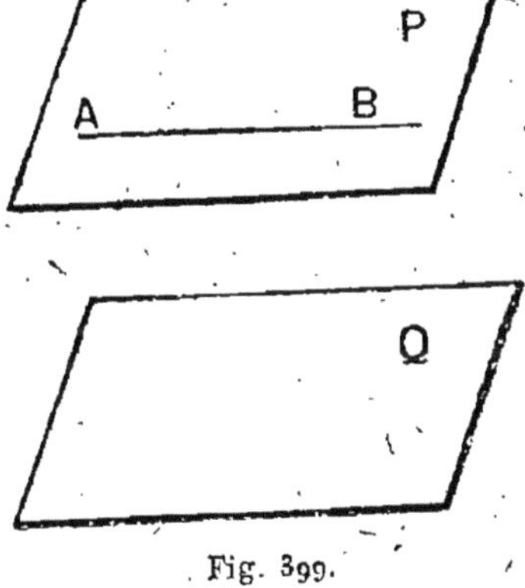

Fig. 399.

662. — **Remarque.** — *Soit une droite* D *parallèle à un plan* P (fig. 400). *Par la droite* D *faisons passer un plan* Q *qui coupe le plan* P *suivant une droite* Δ : D *et* Δ *sont parallèles.*

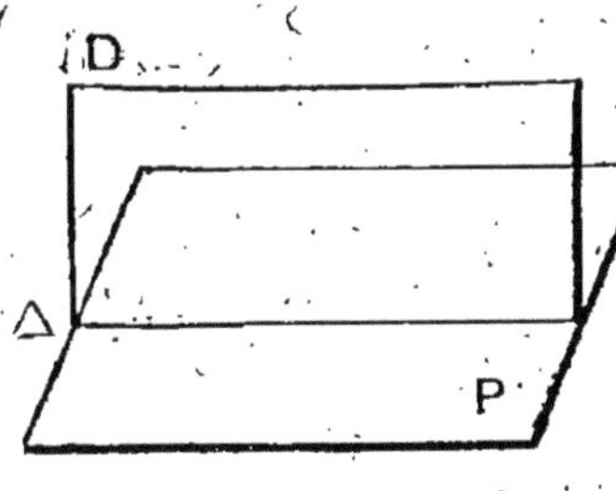

Fig. 400.

En effet, elles sont *dans un même plan.* De plus, D n'ayant aucun point commun avec P, ne peut avoir *aucun point commun avec* Δ.

663. — **Positions relatives d'une droite et d'un plan.** — Une droite et un plan P peuvent n'avoir *aucun point commun* (c'est-à-dire être parallèles).

Ils peuvent aussi avoir *un point commun et un seul.* S'ils ont plus d'un point commun, la droite est contenue *tout entière* dans le plan.

En résumé, une droite et un plan peuvent occuper trois positions relatives et trois seulement.

1° *La droite et le plan peuvent être parallèles.*
2° *La droite peut couper le plan.*
3° *La droite peut être contenue dans le plan.*

Nous allons trouver des exemples de ces trois cas en étudiant le mouvement de translation rectiligne.

PLANS GLISSANT SUR EUX-MÊMES DANS UNE TRANSLATION.

664. — 1° *Si un plan contient une glissière, il glisse sur lui-même.*

665. — 2° *Si un plan coupe une glissière en un point* A, *il ne glisse pas sur lui-même.*

En effet, la translation *déplace* le point A sur la glissière, et par suite *l'amène hors du plan* P.

666. — 3° *Si un plan* P *est parallèle à une glissière* D, *il glisse sur lui-même.*

Menons par D un plan Q coupant le plan P suivant une droite Δ (fig. 400).

Δ est parallèle à D (§ 662).

Donc c'est *une glissière* (§ 637).

Donc P *passant par une glissière* Δ, *glisse sur lui-même* (§ 639).

667. — **En résumé** les plans qui *glissent* sur eux-mêmes sont ceux qui *ne coupent pas* la glissière D et les plans qui *ne glissent pas* sur eux-mêmes sont ceux qui la coupent.

668. — **Remarque.** — *Soient deux plans parallèles* P *et* Q *entraînés dans un même mouvement de translation.*

Si l'un d'eux glisse sur lui-même, l'autre glisse aussi sur lui-même.

En effet, si le plan P *glisse sur lui-même*, il contient la glissière D qui passe par un de ses points (fig. 401).

La droite D du plan P est *parallèle au plan Q* (§ 661). Le plan Q, étant parallèle à une glissière, *glisse sur lui-même*.

Par suite, *si un des plans ne glisse pas sur lui-même, l'autre ne glisse pas non plus sur lui-même.*

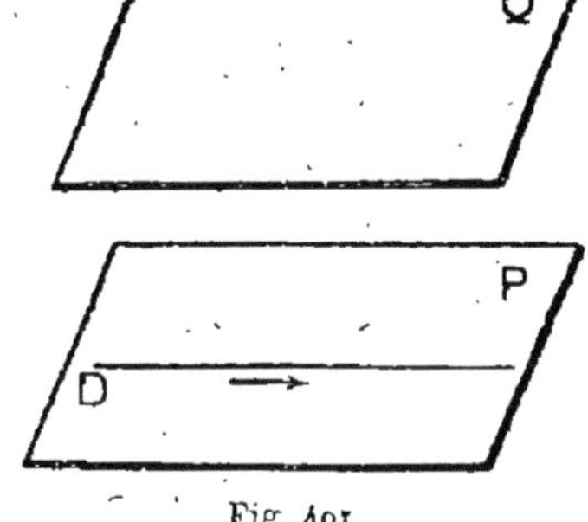

Fig. 401.

669. — **Théorème.** — *Si deux plans qui se coupent sont parallèles à une même droite* XY, *leur intersection est parallèle à* XY (fig. 402).

En effet, dans une *translation* de glissière XY, les deux plans étant parallèles à XY glissent sur eux-mêmes.

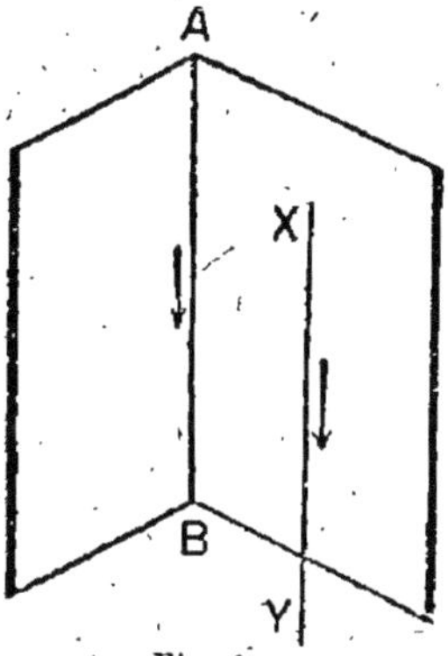

Le dièdre qu'ils forment glisse sur lui-même. L'arête de ce dièdre est donc une *glissière* et, par suite, (§ 638) *elle est parallèle* à XY.

670. — **Théorème.** — *Soient un plan* P *et deux ou plusieurs droites* D_1, D_2, D_3,... *parallèles entre elles.*

Deux cas sont possibles et deux seulement :

Fig. 402.

ou bien le plan P *coupe toutes les droites;*
ou bien il n'en coupe aucune.

Considérons un mouvement de translation rectiligne de *glissière* D_1, supposons que les droites D_2, D_3,... soient entraînées dans ce mouvement ainsi que le plan P. Les droites D_2, D_3,... sont des *glissières*.

Si le plan P coupe D_1, il ne *glisse pas sur lui-même*, et par suite *il coupe* aussi les glissières D_2, D_5,... (fig. 403).

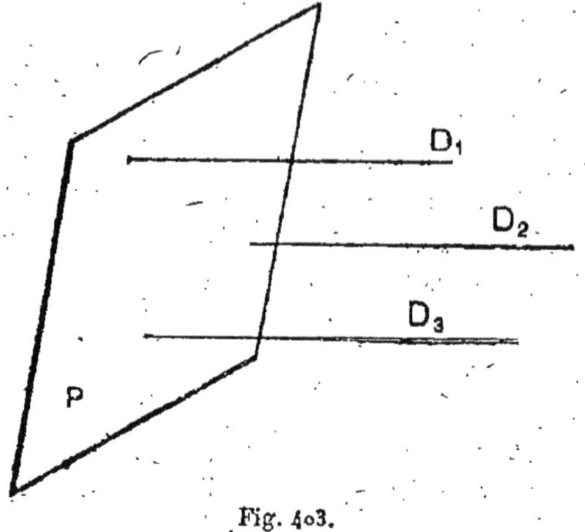

Fig. 403.

Si le plan P *ne coupe pas* D_1, *il glisse sur lui-même et par suite ne coupe aucune des glissières* D_2, D_5,.. (fig. 404).

De là résultent les corollaires suivants qui sont d'une application fréquente :

671. — Corollaire I. — *Si deux droites sont parallèles, tout plan qui coupe l'une coupe l'autre.*

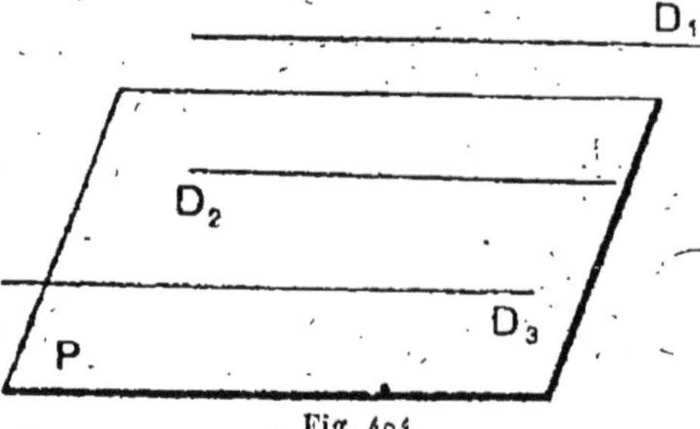

Fig. 404.

672. — Corollaire II. — *Si deux droites sont parallèles, tout plan parallèle à l'une est parallèle à l'autre ou la contient.*

673. — Corollaire III. — *Si par un point A extérieur à un plan P on mène la parallèle AB à une droite CD contenue dans le plan P, AB est parallèle au plan P* (fig. 405).

Le plan P, ne *coupant pas* CD, ne *coupe pas* AB. *Il ne contient pas non plus* AB, puisque A est extérieur au plan P : P est donc *parallèle* à AB.

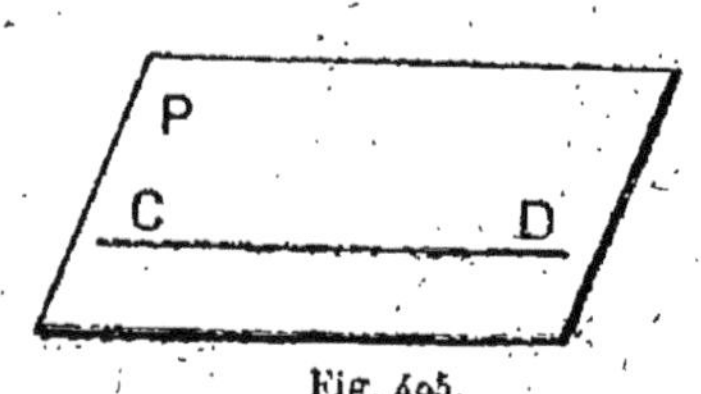

Fig. 405.

674. — Corollaire IV. — *Soit une droite* AB *parallèle à* un plan P. *Si par un point du plan* P *on mène* CD *parallèle à* AB, CD *est contenue dans le plan* P (fig. 405).

Car le plan P ne *peut couper* CD, puisqu'il ne *coupe pas* AB.

675. — Remarque. — Ces deux derniers théorèmes sont à rapprocher de la remarque du § 662. Ces trois propositions constituent un *théorème et ses deux réciproques*.

676. — **Théorème.** — *Étant donnés des plans parallèles* P_1, P_2, P_3... *et une droite* D, *deux cas sont possibles et deux seulement :*

Ou bien D *coupe tous les plans.*
Ou bien D *n'en coupe aucun.*

Considérons un mouvement de translation de *glissière* D.

Si D *coupe* le plan P (fig. 406), ce plan ne *glisse pas* sur lui-même ; le plan parallèle' P_2 ne *glisse pas* non plus sur lui-même (§ 668) ; donc il *coupe* la glissière D.

Si D (fig. 407) ne *coupe pas* le plan P_1, ce plan *glisse sur* lui-même ; le plan parallèle P_2 *glisse aussi* sur lui-même ; donc il *ne coupe pas* la glissière D.

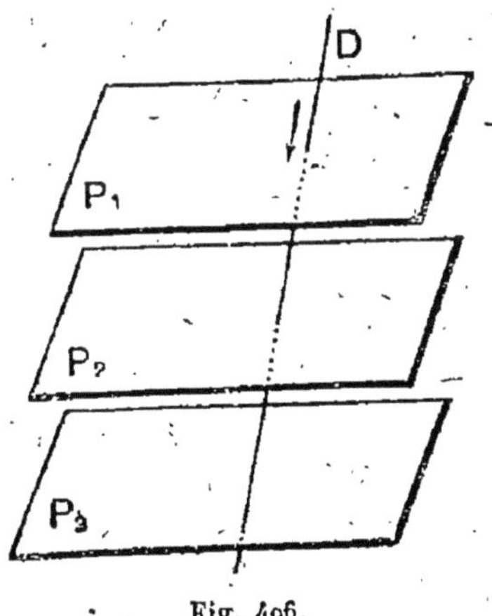

Fig. 406.

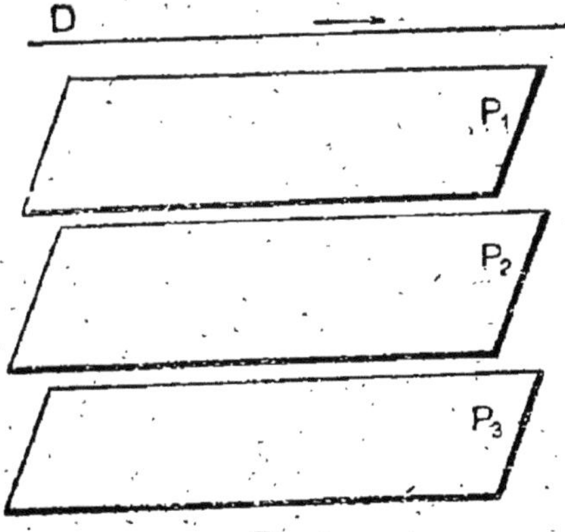

Fig. 407.

677. — **Corollaires.** — *1° Si deux plans sont parallèles, toute droite qui coupe l'un coupe l'autre.*

2° Si deux plans sont parallèles, toute droite parallèle à l'un est parallèle à l'autre ou située dans l'autre (puisqu'elle ne le coupe pas).

678. — Théorème. — *Par un point O extérieur à un plan P, on peut mener une infinité de droites parallèles au plan P, dont l'ensemble forme le plan Q mené par O parallèlement au plan P* (fig. 408).

1° Toutes les droites telles que OA menées par O et situées dans le plan Q sont parallèles au plan P;

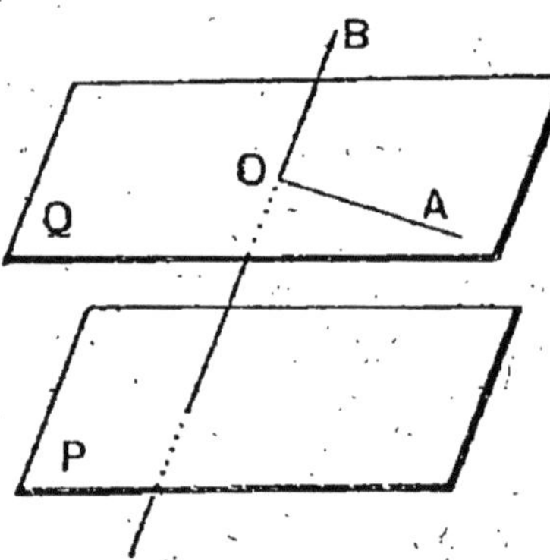

Fig. 408.

2° Toute droite telle que OB passant par O, et non située dans le plan Q, *n'est pas parallèle* au plan P.

En effet, une telle droite *coupe* le plan Q au point O et, par suite, *coupe* aussi le plan P parallèle au plan Q.

679. — Corollaire. — *Si deux droites concourantes OA et OB sont parallèles au plan P, le plan contenant ces deux droites est parallèle au plan P.*

En effet, le plan Q mené par O parallèlement à P *contient* OA et OB; il *coïncide* donc avec le plan de ces deux droites.

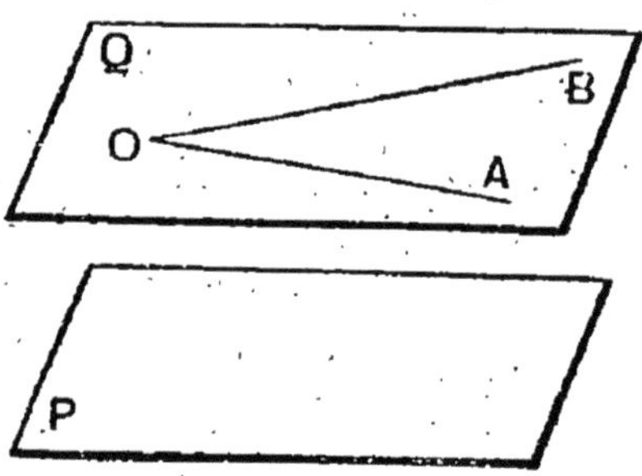

Fig. 409.

680. — Théorème. — *Deux plans parallèles déterminent sur deux sécantes parallèles des segments égaux.*

Soient deux plans parallèles P et Q, et deux sécantes parallèles AB et A'B'.

Le plan passant par les deux parallèles coupe le plan P suivant AA′, le plan Q suivant BB′. AA′ et BB′ sont parallèles comme intersection de plans parallèles par un troisième.

Le quadrilatère AB B′A′ est un *quadrilatère plan* dont les côtés *opposés sont parallèles:* c'est donc un *parallélogramme.*

Les côtés *opposés* AB et A′ B′ sont donc *égaux.*

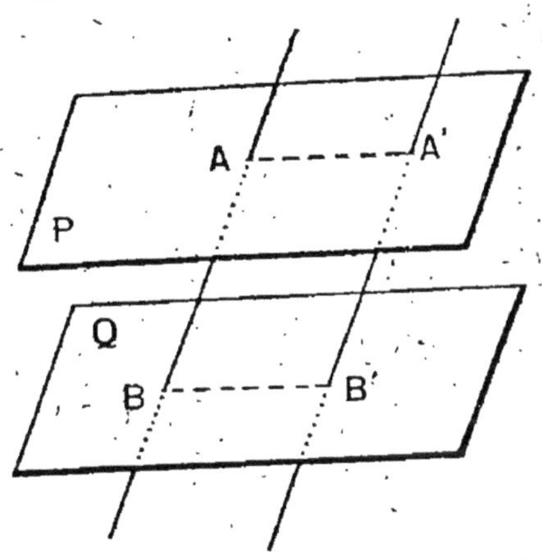

Fig. 410.

EXERCICES THÉORIQUES

§ 1.

832. A quelle condition la figure formée par l'ensemble de deux droites de l'espace admet-elle un centre de symétrie?

833. Étant donnés deux plans passant par une droite Δ et deux droites D et D′ parallèles coupant chacun des plans, démontrer que les droites qui joignent dans chaque plan les points de rencontre de D et D′ avec ce plan sont ou parallèles ou concourantes avec Δ.

834. On donne deux droites parallèles D_1 et D_2 et une droite quelconque Δ. Construire une droite qui rencontre Δ et qui coupe à angle droit D_1 et D_2.

835. Soient D_1 et D_2 deux droites parallèles, Δ et Δ′ deux droites quelconques. Construire une droite qui rencontre D_1, D_2, Δ et Δ′.

836. Étant données deux droites parallèles D et D′ et une droite quelconque Δ, mener une droite qui rencontre ces trois droites et soit perpendiculaire à Δ.

837. Démontrer, sans se servir des translations, que deux droites parallèles à une même troisième sont parallèles entre elles (ou coïncident).

838. Démontrer, sans se servir des translations, que pour que deux droites soient parallèles il faut et il suffit que tout plan qui coupe l'une coupe l'autre.

839. Étant donnés quatre points A, B, C, D non dans un même plan, on faire subir à AB une translation de glissière égale et parallèle à CD et de même sens que CD, ce qui amène AB en A′B′; puis on fait subir à CD une translation de glissière égale et parallèle à AB et de même sens que AB, qui amène CD en C′D′; indiquer quelles sont les directions des six droites

A'B', A'C', A'D', B'C', B'D', C'D' par rapport aux six droites qui joignent les points A, B, C, D deux à deux.

840. Démontrer que les milieux des côtés d'un quadrilatère gauche sont les sommets d'un parallélogramme dont le centre est au milieu de la droite qui joint les milieux des diagonales du quadrilatère. Déduire de cette dernière propriété le lieu géométrique du centre du parallélogramme en question quand, trois sommets du quadrilatère restant fixes, le quatrième décrit une droite donnée.

841. Démontrer, à l'aide des propriétés des parallélogrammes, que deux angles qui ont leurs côtés parallèles et de même sens sont égaux.

842. Si le plan P est perpendiculaire à la droite D, toute droite Δ du plan P qui ne rencontre pas D est orthogonale à D.

843. Étant données deux droites D et Δ, démontrer que, si les deux plans perpendiculaires sur Δ menés de deux points A et B de D sont confondus, la droite D est orthogonale à la droite Δ.

844. La condition nécessaire et suffisante pour qu'un plan P soit perpendiculaire à une droite D est que la droite D soit orthogonale à deux droites du plan P.

845. Démontrer que la condition nécessaire et suffisante pour que deux droites soient orthogonales est qu'on puisse mener par l'une un plan perpendiculaire à l'autre.

846. Trouver le lieu géométrique du pied de la perpendiculaire abaissée d'un point fixe A sur un plan P pivotant autour d'une droite D.

847. Étant donné un triangle ABC, mener par A une droite AX telle que le dièdre B.AX.C soit droit et que le plan d'un des rectilignes de ce dièdre passe par B et C.

§ 2.

848. Si deux plans distincts P et Q sont tels que tout plan qui coupe l'un coupe l'autre, ces deux plans sont parallèles.

849. Si deux plans sont tels que toute droite qui coupe l'un coupe l'autre, ces deux plans sont parallèles.

850. Étant donné un parallélogramme ABCD et un point O pris hors du plan de ce parallélogramme, on forme le symétrique A'B'C'D de ABCD par rapport à O ; démontrer : 1° que AC', BD', CA', DB' sont des droites parallèles ; 2° que les plans ABC'D', ADC'B', CDB'A', BCA'D' sont parallèles ; 3° que les angles AC'D', ABD', DB'A', DCA' sont égaux entre eux, ainsi que les angles DAC', DB'C', D'BC, CA'D'.

851. On considère trois droites non dans un même plan concourantes en O et on prend respectivement sur chacune de ces droites des points A et A', B et B', C et C', tels que OA = OA', OB = OB', OC = OC' ; démontrer : 1° que les droites AC et A'C' sont parallèles deux à deux ; 2° que les plans des triangles ABC et A'B'C', ABC' et A'B'C, AC'B et A'BC, ACB' et A'C'B sont parallèles deux à deux ; 3° que ces mêmes triangles sont égaux deux à deux et par suite ont leurs éléments égaux.

852. Étant donnés deux plans parallèles P et P' on fait passer par une droite D du plan P différents plans qui coupent P' suivant des droites Δ, Δ'..., que peut-on dire de ces droites Δ, Δ'....?

853. Les sections faites par des plans parallèles dans un dièdre donné sont des angles égaux.

854. Étant données trois droites concourantes, on coupe ces droites par des plans parallèles entre eux, lieu du point de concours des médianes des triangles ayant pour sommets les points d'intersection des trois droites OX, OY, OZ par chacun des plans considérés.

855. On donne deux plans parallèles P et P', dans P un triangle ABC, dans P' un triangle A'B'C', trouver l'intersection des deux plans AA'C' et BB'C.

856. On considère dans un plan P un triangle ABC dont les sommets A et B sont fixes, l'angle C ayant une valeur constante α et on fixe dans un plan P' parallèle à P deux points A' et B'; trouver le lieu du point de rencontre de l'intersection des deux plans A'AC et B'BC avec le plan P'.

857. Étant données deux droites OX et OY qui coupent deux plans parallèles P et P' en A et B, A' et B', prouver que, C étant un point fixe du plan P, l'intersection des deux plans A'AC et B'BC passe par le point O.

Lieu géométrique du point C' où cette intersection coupe le plan P' quand C au lieu d'être fixe dans le plan P décrit dans ce plan P une droite donnée D.

§ 3.

858. Quelle est la disposition de trois plans tels qu'aucun point ne soit commun à ces trois plans?

859. Démontrer sans se servir de la théorie des translations que, si deux plans sont parallèles, toute droite qui coupe l'un coupe l'autre.

860. Étant donné n droites parallèles D_1, D_2... D_n et un point O, que peut-on dire des plans déterminés par le point O et chacune des droites D? Comment ces différents plans coupent-ils un plan donné P non parallèle à la direction des droites?

861. Construire théoriquement une droite perpendiculaire à la fois à deux droites données quelconques D et D' (perpendiculaire commune.)

862. Démontrer que la plus courte distance entre deux droites est le segment ayant comme extrémités les pieds de la perpendiculaire commune à ces deux droites.

863. Construire un dièdre de grandeur donnée α dont les faces passent respectivement par deux droites parallèles données et dont l'arête rencontre une droite donnée Δ.

864. On considère trois plans qui se coupent deux à deux suivant des droites AA', BB' et CC' parallèles entre elles, démontrer que la droite qui joint les points de concours des médianes des deux triangles ABC et A'B'C' est parallèle aux droites AA', BB', CC'.

865. Étant donnés un dièdre et son plan bissecteur, démontrer que toute droite parallèle au plan bissecteur coupe les deux faces du dièdre en des points équidistants de l'arête.

866. Mener une droite parallèle à deux plans donnés et passant par un point donné.

867. Mener par une droite D un plan qui coupe deux plans P et Q suivant deux droites parallèles.

868. Mener une droite parallèle à une droite donnée Δ et qui rencontre deux droites données D et D'.

869. Faire passer par deux points un plan parallèle à une droite donnée.

870. Étant donnés un point A, une droite D et un plan P mener par le point un plan parallèle à la droite et perpendiculaire au plan.

871. Deux droites D et D' étant données, mener par chacune d'elles un plan parallèle à l'autre.

872. Étant données deux droites D et D', mener par ces deux droites deux plans parallèles.

873. Étant données deux droites D et D' qui coupent un plan P, mener une droite parallèle à P rencontrant D et D' et, ou bien de longueur donnée, ou bien parallèle à un deuxième plan donné Q.

874. Étant donné n droites parallèles D_1, D_2, ...D_n, on coupe ces droites par des plans parallèles entre eux; démontrer que les polygones dont les sommets sont les points d'intersection des n droites et de chaque plan sont tous égaux.

875. Lieu des points dont la somme ou la différence des distances à deux plans sécants est égale à une longueur donnée.

876. Lieu géométrique des milieux des segments limités à deux droites D et D' données quelconques.

877. Trois plans parallèles déterminent sur deux sécantes des segments proportionnels.

878. Étant donnés deux plans parallèles et deux sécantes issues d'un point O, les segments comptés sur chaque sécante à partir de O jusqu'aux points d'intersection avec les plans sont proportionnels.

879. Lieu des points divisant dans un rapport donné les segments ayant une extrémité en un point fixe A et l'autre extrémité en un point quelconque d'un plan P donné.

880. Rechercher le lieu géométrique des points divisant dans un rapport donné les segments parallèles à un plan donné P et limités à deux droites données D et D'.

CHAPITRE IV

PARALLÉLISME ET ORTHOGONALITE

681. — Nous allons dans le présent chapitre étudier les théorèmes qui résultent du *rapprochement* de la théorie des droites et plans perpendiculaires et de la théorie des droites et plans parallèles.

§ 1. — Droites et plans perpendiculaires.

682. — **Théorème.** — *Si deux droites sont perpendiculaires au même plan, elles sont parallèles.*

Soient les deux droites D et D' perpendiculaires au plan P, aux points O et O' (fig. 411).

Faisons subir à la figure formée par le plan P et la droite D la *translation* qui amène le point O au point O'.

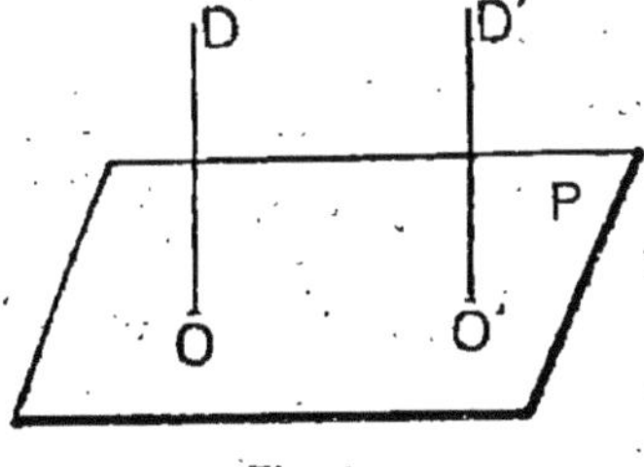

Fig. 411.

Le plan P *glisse* sur lui-même, la droite D *perpendiculaire* au plan P au point O devient la *perpendiculaire au plan* P au point O', c'est-à-dire la droite D'.

D et D' dérivant l'une de l'autre par une *translation* sont *parallèles*.

683. — **Réciproquement.** — *Si deux droites sont parallèles, tout plan perpendiculaire à l'une l'est à l'autre.*

Soient deux droites parallèles D et D' (fig. 411).

Supposons que le plan P soit *perpendiculaire* à la droite D au point O.

Nous allons démontrer que le plan P est perpendiculaire à D'.

D'abord le plan P *coupant la droite* D *coupe aussi la parallèle* D' à D *en un point* O'.

Faisons subir à la figure formée par le plan P et la droite D la translation rectiligne qui amène O en O'. Le plan P glissé sur lui-même, la droite D devient la *parallèle* menée par O' à D, c'est-à-dire D'.

D' est donc *perpendiculaire* au plan P.

684. — On peut donc dire :

Si une droite et un plan P *sont perpendiculaires, les droites perpendiculaires au plan* P *sont les mêmes que les droites parallèles à la droite* D.

685. — **Théorème.** — *Si deux plans sont perpendiculaires à une même droite, ils sont parallèles.*

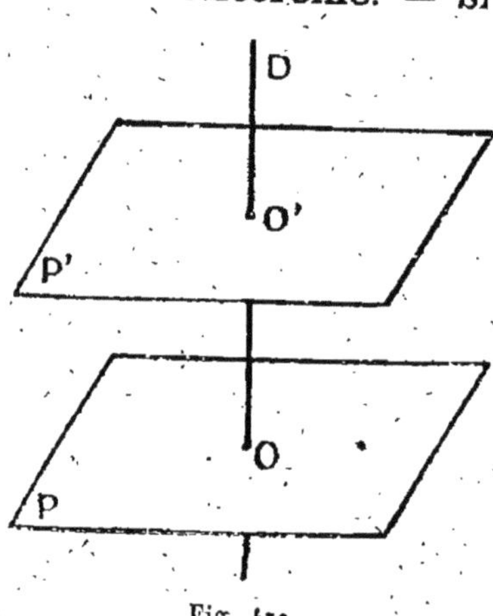

Fig. 412.

Soient les deux plans P et P' *perpendiculaires* à la droite D aux points O et O' (fig. 412). Nous allons démontrer qu'ils sont parallèles : en effet, dans la *translation* qui amène le point O au point O', **D** *glisse* sur elle-même, le plan P *perpendiculaire* à D au point O devient le plan *perpendiculaire* à D au point O', c'est-à-dire le plan P'.

Les deux plans P et P' dérivant l'un de l'autre par une *translation* sont *parallèles*.

686. — **Réciproquement.** — *Si deux plans sont parallèles, toute droite perpendiculaire à l'un est perpendiculaire à l'autre.*

Soient les deux plans *parallèles* P et P', et D une *droite perpendiculaire* à P au point O (fig. 412).

Nous allons démontrer que D est perpendiculaire à P'. En effet la droite D, *coupant* le plan P au point O, *coupe aussi* le plan P' parallèle à P en un point O'.

Faisons subir à la figure formée par la droite D et le plan P la *translation* rectiligne qui amène le point O au point O'. La droite D *glisse* sur elle-même, le plan P devient le plan *parallèle* à P mené par le point O', c'est-à-dire le plan P'. Le plan P' est donc *perpendiculaire* à D.

687. — On peut donc dire :

Si une droite D et un plan P sont perpendiculaires, les plans perpendiculaires à D sont les mêmes que les plans parallèles à P.

688. — Corollaire. — *Deux plans parallèles sont partout équidistants.*

Soient les deux plans *parallèles* P et P', A et B deux points *quelconques* du plan P; AA' et BB' *les distances* en ces deux points au plan P' c'est-à-dire les perpendiculaires abaissées de A et B sur le plan P'.

Il s'agit de démontrer que

$$AA' = BB'.$$

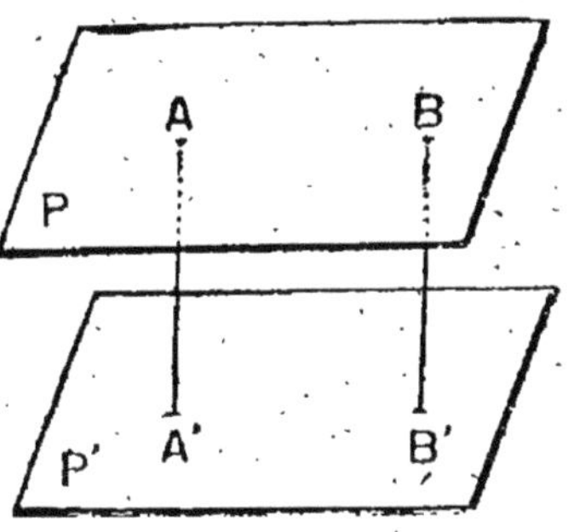

Fig. 413.

Et en effet les deux droites AA' et BB' sont *parallèles* et on a vu que deux plans parallèles interceptent sur deux droites *parallèles* des segments *égaux.*

689. — Théorème. — *Si une droite D est perpendiculaire à un plan P, tout plan Q parallèle à la droite D est perpendiculaire au plan P.*

Par le point O du plan Q (fig. 414) menons la *parallèle* D' à D. Elle est *tout entière* située dans le plan Q (§ 674).

Puisque D est *perpendiculaire* au plan P, la *parallèle* D à D est aussi *perpendiculaire* à P, et le plan Q passant par D′ est *perpendiculaire au plan* P.

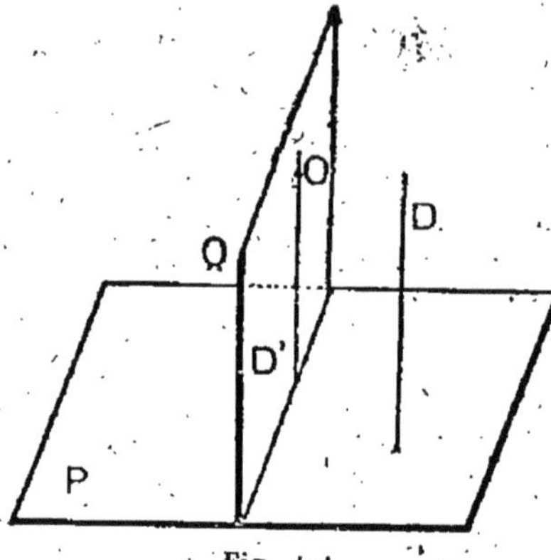

Fig. 414.

690. — Réciproquement. — *Si une droite D est perpendiculaire à un plan P, tout plan Q perpendiculaire au plan P est parallèle à la droite D ou la contient.*

En effet (fig. 414), par un point O du plan Q, abaissons la *perpendiculaire* D′ sur le plan P. Elle est *contenue dans le plan Q* (§ 621).

Or les deux droites D et D′ *perpendiculaires* au même plan sont *parallèles*.

Le plan Q *passant* par une droite D′ *parallèle* à D est *parallèle* à D ou la *contient*.

691. — On peut donc dire :

Si une droite D et un plan P sont perpendiculaires, les plans perpendiculaires au plan P sont les mêmes que les plans qui sont parallèles à D ou contiennent D.

692.—Théorème. —*Si une droite D est perpendiculaire à un plan P, elle est orthogonale à toute droite située dans le plan ou parallèle au plan P.*

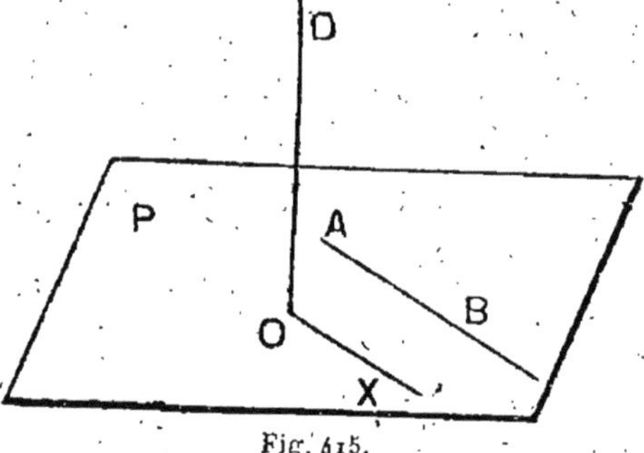

Fig. 415.

Soit O le point de rencontre du plan P et de la *perpendiculaire* D à ce plan, et AB une droite *située* dans le plan P ou *parallèle* au plan P (fig. 415).

Par le point O menons la *parallèle* OX à AB.

L'angle $\widehat{DOX}$ est l'angle des deux droites AB et D. s'agit de démontrer que cet angle est droit.

La droite AB étant *parallèle* au plan P ou *contenue* dans le plan, la parallèle OX à AB est *située dans ce plan*. La droite D, qui est *perpendiculaire* au plan P, est *perpendiculaire à* la droite OX *menée par son pied dans le plan* P.

693. — Réciproquement. → *Si une droite* D *est perpendiculaire à un plan* P, *toute droite orthogonale à* D *est située dans* P *ou parallèle à* P (fig. 415).

En effet, par le point de rencontre O du plan P et de la droite D, menons la *parallèle* OX à AB.

L'angle $\widehat{DOX}$ est *l'angle* de D et de AB.

Cet angle est *droit par hypothèse*.

Donc OX est *dans le plan* P.

La droite AB qui est *parallèle* à la droite OX du plan P est *parallèle au plan* P *ou située dans ce plan*.

694. — On peut donc dire :

Si une droite D *est perpendiculaire au plan* P, *les droites orthogonales à* D *sont les mêmes que les droites parallèles au plan* P *ou situées dans le plan* P.

695.—Théorème. — *Si une droite* D *qui coupe un plan* P *est orthogonale à deux droites de ce plan non parallèles entre elles, elle est perpendiculaire au plan* P.

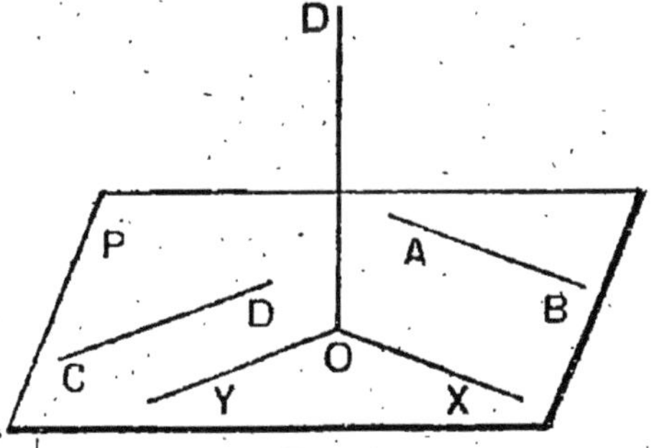

Fig. 416.

Supposons que la droite D rencontre le plan P au point O, et soit *orthogonale* avec deux droites *non parallèles* AB et CD *du plan* P.

Par le point O menons les *parallèles* OX et OY à AB et

à CD. Ces droites sont *distinctes* puisque AB et CD ne sont pas parallèles.

L'angle $\widehat{DOX}$ est *droit*, puisque D et AB sont orthogonales. De même l'angle $\widehat{DOY}$ est *droit*.

D est donc perpendiculaire à deux *droites distinctes menées par son pied dans le plan* P; par suite elle est *perpendiculaire au plan* P.

Plus généralement :

696. — **Théorème.** — *Si une droite D est orthogonale à deux droites Δ et Δ' non parallèles entre elles et parallèles au plan P, ou situées dans le plan P, elle est perpendiculaire au plan P (fig. 417).*

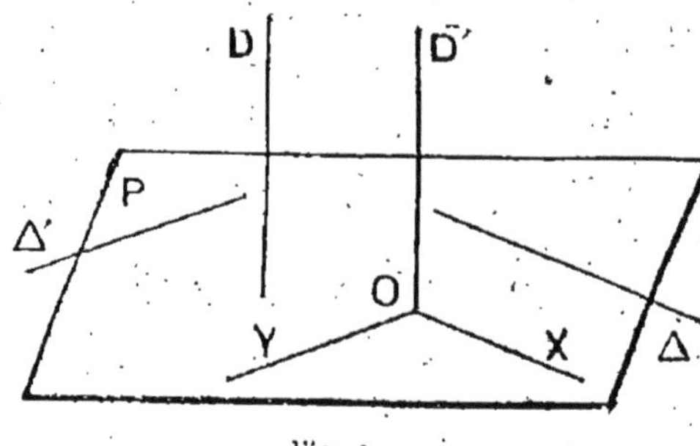

Fig. 417.

Par un point quelconque O du plan P, menons OX et OY respectivement *parallèles à* Δ *et* Δ'. Ces droites sont situées dans le plan P et elles sont distinctes.

Par O menons la *parallèle* D' à D. Les angles $\widehat{D'OX}$ et $\widehat{D'OY}$ sont droits. La droite D' est donc *perpendiculaire* au plan P. La *parallèle* D à D' *est aussi* perpendiculaire au plan P.

THÉORÈME DES TROIS PERPENDICULAIRES

697. — **Théorème.** — *Soient une droite D perpendiculaire à un plan P en un point O, et une droite AB située dans le plan P (fig. 418).*
Du point O abaissons OI perpendiculaire sur AB.
La droite IM qui joint le point I à un point quelconque M de D est perpendiculaire à AB.

En effet, la droite AB est *orthogonale* à OI par hypothèse. Elle est aussi *orthogonale* à D, puisque D est perpendiculaire au plan P et par suite orthogonale à la droite AB de ce plan.

AB étant *orthogonale* aux *deux droites* OI et OM du plan OIM est *perpendiculaire* à ce plan, et par suite *perpendiculaire à la droite* IM qui est située dans ce plan.

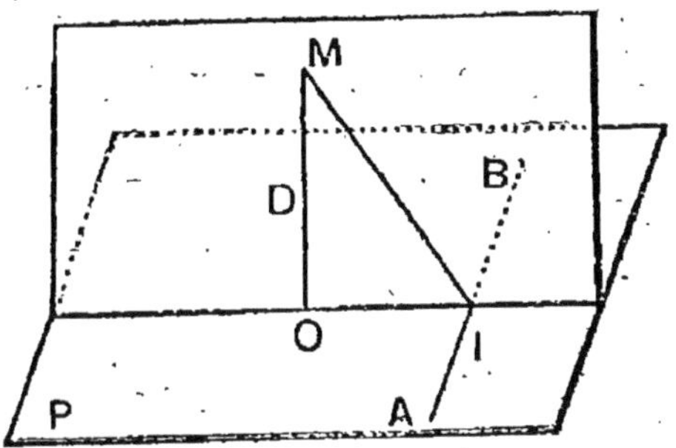

Fig. 418.
Théorème des trois perpendiculaires.

698. — Réciproquement. — *Soient* une droite D perpendiculaire à un plan P en un point O et une droite AB située dans le plan P.

D'un point quelconque M de D abaissons MI *perpendiculaire sur AB.*

La droite OI *est perpendiculaire à AB.*

En effet, AB est *orthogonale* à IM. Elle est aussi *orthogonale* à D. Donc elle est *perpendiculaire au plan* OMI qui contient ces deux droites et par suite *perpendiculaire à la droite* OI *de ce plan.*

§ 2. — Projections orthogonales.

699. — Définition. — *On appelle* projection orthogonale *d'un point* A *sur un plan* P *le pied* A' *de la perpendiculaire abaissée du point* A *sur le plan* P.

700. — Projection d'une figure sur un plan. — *La* projection orthogonale *d'une figure* F *sur un plan* P *est la figure formée par l'ensemble des projections des différents points de cette figure sur le plan* P.

PROJECTION ORTHOGONALE D'UNE DROITE SUR UN PLAN.

701. — **Théorème.** — *Par une droite* AB *non perpendiculaire à un plan* P, *on peut mener un plan perpendiculaire au plan* P *et un seul.*

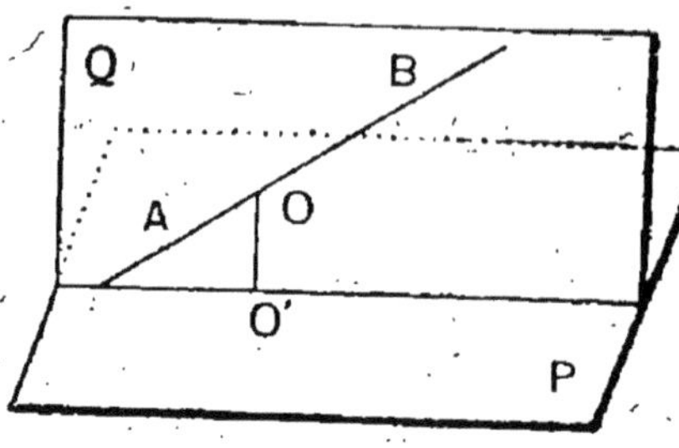

Fig. 419.

1° On peut en mener un.

D'un point quelconque O pris sur AB abaissons la *perpendiculaire* OO′ au plan P (fig. 419).

Par les deux droites OO′ et AB on peut faire passer un plan Q.

Ce plan passant par la perpendiculaire OO′ au plan P est *perpendiculaire* au plan P.

2° *Par* AB *on ne peut mener qu'un plan perpendiculaire* au plan P.

Car tout plan perpendiculaire au plan P et contenant AB *contient la perpendiculaire* OO′ abaissée de O sur le plan P (§ 621). Il *coïncide* donc avec le plan Q, puisque par les deux droites distinctes AB et OO′ on ne peut faire passer qu'un plan.

702. — **Remarque.** — Le théorème précédent *ne subsiste pas* si AB est perpendiculaire au plan P. On sait que dans ce cas tout plan passant par AB est perpendiculaire au plan P (§ 619).

703. — **Théorème.** — *La projection orthogonale d'une droite non perpendiculaire au plan de projection est une droite.*

Soit une droite AB *non perpendiculaire* au plan P.

Par la droite AB on peut mener un plan Q perpendiculaire au plan P.

Le plan Q coupe le plan P suivant une droite A'B'.

Nous allons démontrer que *les projections des différents points de la droite AB forment la droite A'B'*.

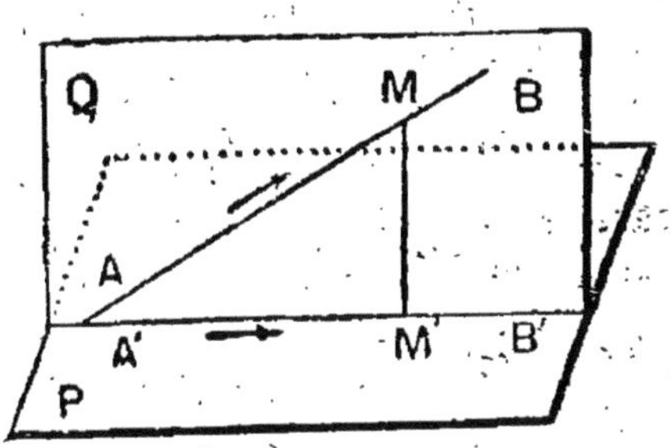

Soit en effet M un point quelconque de AB.

Du point M abaissons dans le plan Q la perpendiculaire MM' sur

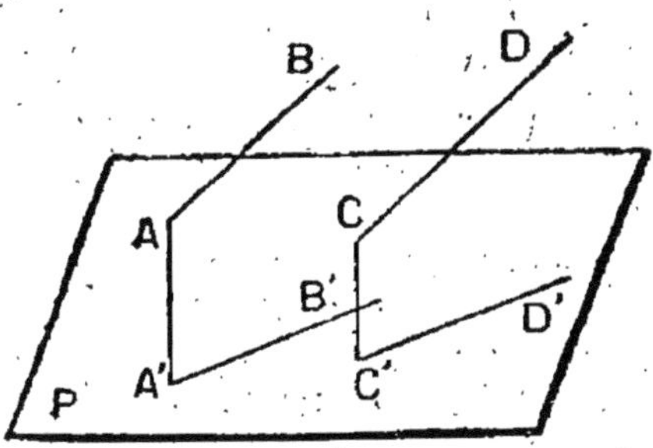

Fig. 420. — Projection d'une droite.

A'B'. MM' est *perpendiculaire* au plan P (§ 620).

Donc M' est la *projection* de M sur le plan P.

Lorsque le point M décrit d'un *mouvement continu* la droite AB, la droite MM' se déplace parallèlement à elle-même et le point M' décrit la droite A'B'.

704. — Définition. — Le plan Q s'appelle *le plan projetant* la droite AB sur le plan P. Ainsi donc :

Le plan projetant une droite sur un plan P est le plan perpendiculaire au plan P mené par la droite.

705. — Remarque. — Si une droite D est *perpendiculaire au plan P* au point O, les projections de tous les points de D sur le plan P sont *confondues* avec le point O.

La *projection d'une droite perpendiculaire au plan de projection se réduit à un point.*

706. — Théorème. — *Les projections orthogonales de deux droites parallèles sur un même plan sont parallèles.*

Soient AB et CD deux

Fig. 422.
Projections de deux droites parallèles.

droites *parallèles non perpendiculaires* à un plan P (fig. 421).

Les deux plans A'AB et C'CD projetant les deux droites sont *parallèles*, comme plans de deux angles ayant leurs côtés parallèles.

Leurs intersections A'B' et C'D' avec le plan P sont donc parallèles, comme intersections de deux plans parallèles par un troisième.

707. — Corollaire. — *La projection d'un parallélogramme est un parallélogramme.*

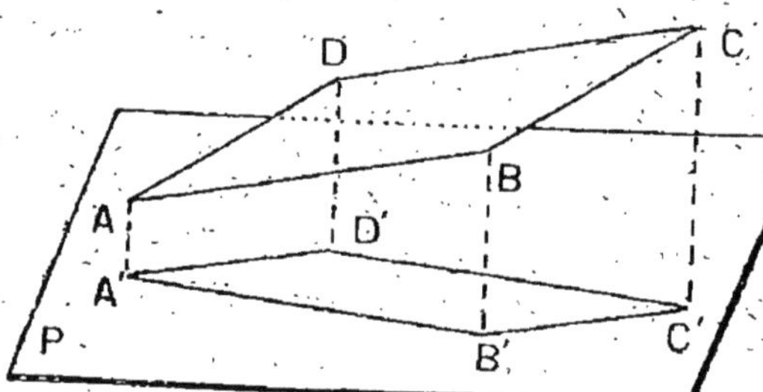

Fig. 422. — Projection d'un parallélogramme.

Soit un *parallélogramme* A B C D, et A' B' C' D', sa *projection* sur un plan P (fig. 422).

Les droites A'B' et C'D' sont *parallèles* comme projection de deux droites parallèles. De même B'C' et A'D' sont *parallèles*.

Le quadrilatère A'B'C'D', dont les côtés opposés sont parallèles, est un *parallélogramme*.

708. — Théorème. — *Les projections orthogonales d'une même figure sur deux plans parallèles sont égales.*

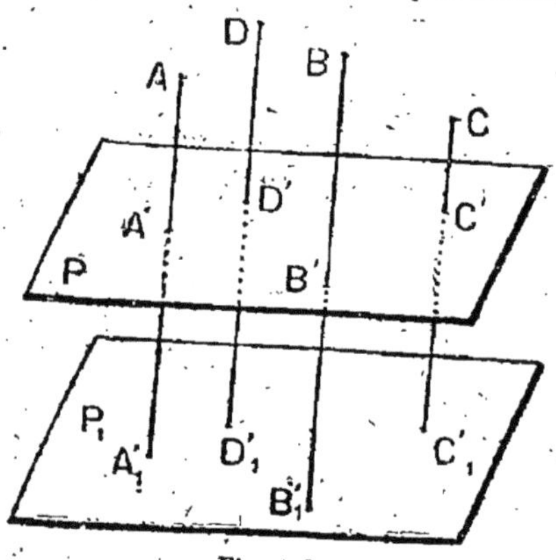

Soit A, B, C, D, les points qui constituent une figure F (fig. 423), A', B', C', D' leurs *projections* sur un plan P, A'₁, B'₁, C'₁, D'₁.

Fig. 423.

P₁ *parallèle* à P.

La figure formée par les points A', B', C', D'…, et la figure formée par les points A'₁, B'₁, C'₁, D'₁ sont *égales*.

En effet la translation qui amène le point A' au point A'₁ les *superpose*.

PROJECTION D'UN ANGLE DROIT.

709. — Théorème. — *La projection orthogonale d'un angle droit dont un côté est parallèle au plan de projection est un angle droit.*

Sans changer la projection de l'angle donné, nous pouvons déplacer le plan de projection parallèlement à lui-même, *de manière qu'il contienne le côté AB.*

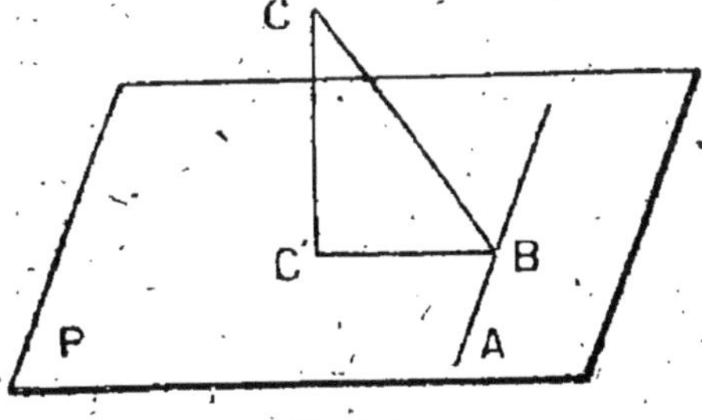

Fig. 424.

Soit donc *l'angle droit* $\widehat{ABC}$ dont le côté AB est dans le plan P (fig. 424).

La projection de AB sur le plan P est *la droite AB elle-même*. Abaissons la perpendiculaire CC' sur le plan P. La projection de BC est BC'.

La projection de l'angle $\widehat{ABC}$ est l'angle $\widehat{ABC'}$. Or cet angle $\widehat{ABC'}$ est droit d'après la *réciproque* du *théorème des trois perpendiculaires.*

710. — Réciproque. — *Soit un angle* $\widehat{ABC}$ *dont un côté AB est parallèle au plan de projection et dont la projection est un angle droit.*

Nous allons démontrer que cet angle est droit.

Nous supposons que le plan de projection P *contient* le côté AB (fig. 424); $\widehat{ABC'}$ est la projection de l'angle $\widehat{ABC}$. L'angle ABC est *droit*, d'après le *théorème des trois perpendiculaires.*

PROJECTION D'UN POLYGONE.

711. — La projection d'un *polygone plan* est un polygone plan.

712. — Théorème. — *L'aire de la projection d'un triangle est égale à l'aire de ce triangle multipliée par le cosinus de l'angle aigu qui fait le plan du triangle avec le plan de projection.*

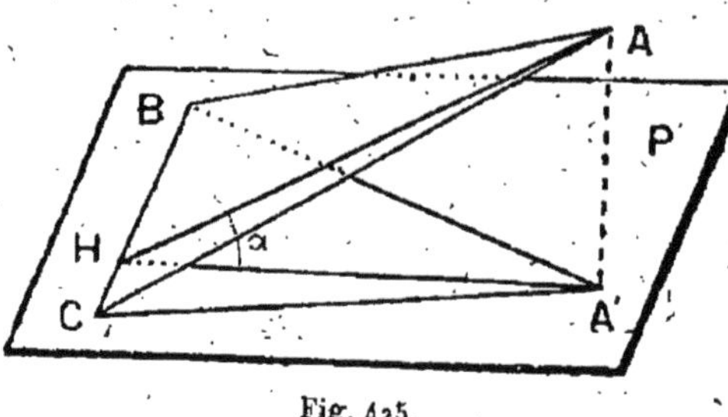

Fig. 425.

1° Supposons d'abord qu'un côté BC du triangle ABC soit *dans le plan de projection* P (fig. 425).

Soit AA' la perpendiculaire abaissée du point A sur le plan P.

La *projection* du triangle ABC est le triangle A'BC.

Menons la *hauteur* AH du triangle ABC.

D'après la *réciproque* du théorème des trois perpendiculaires, A'H est la hauteur du triangle A'BC.

On a :
$$\text{aire ABC} = \frac{1}{2}\,\text{BC} \times \text{AH},$$

$$\text{aire A'BC} = \frac{1}{2}\,\text{BC} \times \text{A'H}.$$

L'angle aigu $\widehat{AHA'}$ est le *rectiligne* du dièdre formé par le *plan du triangle* et le *plan de projection*.

Désignons cet angle par α.

Le triangle rectangle AHA' nous donne la relation
$$\text{A'H} = \text{AH}\cos\alpha.$$

On a donc :
$$\text{aire A'BC} = \frac{1}{2}\,\text{BC} \times \text{AH}\cos\alpha = \text{aire ABC} \times \cos\alpha.$$

2° Supposons maintenant qu'un côté BC du triangle ABC soit *parallèle* au plan de projection.

En *déplaçant* ce dernier *parallèlement* à lui-même, on pourra l'amener à *contenir* le côté BC et on sera ramené au cas précédent.

3° Supposons enfin qu'aucun côté du triangle ne soit parallèle au plan de projection.

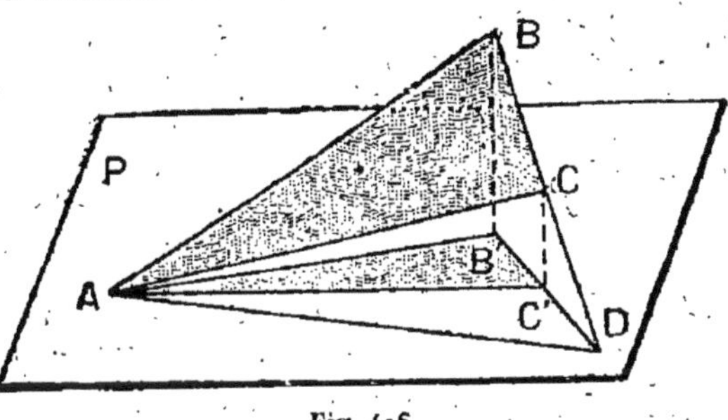

Fig. 426.

En déplaçant ce dernier parallèlement à lui-même, nous pouvons l'amener à *contenir un des sommets*. On peut choisir ce sommet de telle sorte que le triangle soit tout entier d'un *même côté du plan de projection*.

Soit donc (fig. 426) le triangle ABC dont le sommet A est dans le plan P, les points B et C étant d'*un même côté du plan* P.

La droite BC, qui n'est pas parallèle au plan P, *rencontre* ce plan en un point D situé sur le *prolongement* de BC. Soit B′ et C′ les projections des points B et C. Ils sont *en ligne droite* avec D.

Soit α l'angle aigu du plan du triangle avec le plan de projection.

D'après la première partie, on a :

$$\text{aire } AB'D = \text{aire } ABD \times \cos\alpha,$$
$$\text{aire } AC'D = \text{aire } ACD \times \cos\alpha.$$

Par *soustraction*

$$\text{aire } AB'D - \text{aire } AC'D = (\text{aire } ABD - \text{aire } ACD)\cos\alpha$$

c'est-à-dire :

$$\text{aire } AB'C' = \text{aire } ABC \times \cos\alpha.$$

713. — Théorème. — *L'aire de la projection d'un polygone plan est égale à l'aire de ce polygone, multipliée par le cosinus de l'angle aigu α que fait le plan du polygone avec le plan de projection.*

Soit ABCDF un *polygone plan* (fig. 427).

A'B'C'D'F' sa *projection orthogonale* sur un plan P.

Décomposons le polygone en triangle d'aire T_1, T_2, T_3.

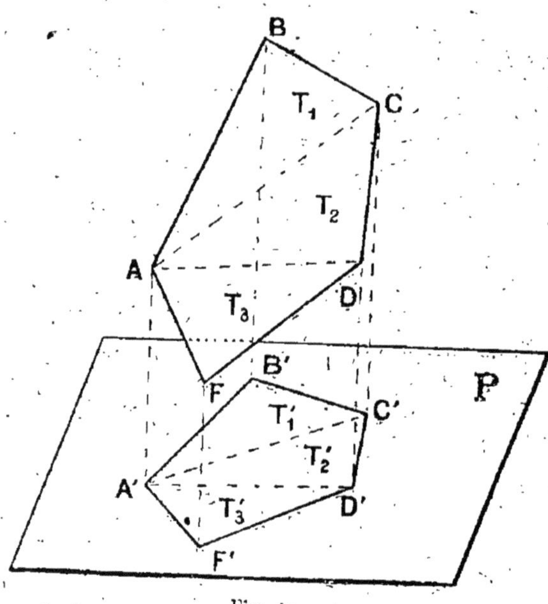

Fig. 427.

— Sa projection est décomposée en triangle d'aire T'_1, T'_2, T'_3, on a :

$$T'_1 = T_1 \cos\alpha$$
$$T'_2 = T_2 \cos\alpha$$
$$T'_3 = T_3 \cos\alpha$$

d'où, par addition :

$$T'_1 + T'_2 + T'_3 = (T_1 + T_2 + T_3) \cos\alpha$$

ou :

$$\text{aire A'B'C'D'F'} = (\text{aire ABCDF}) \times \cos\alpha.$$

714. — **Corollaire.** — Étant donnée une *courbe plane*, on peut l'*assimiler* à un polygone plan dont les côtés sont *très petits et très nombreux*. On est ainsi amené à *admettre* que :

L'aire de la projection d'une courbe-plane fermée est égale à l'aire de cette courbe multipliée par le cosinus de l'angle de son plan avec le plan de projection.

EXERCICES THÉORIQUES

§ 1 et 2.

881. Deux droites D et D′ étant orthogonales, on abaisse d'un point A de D la droite Δ perpendiculaire sur D′; démontrer que le plan de D et Δ est perpendiculaire à D′.

882. Lieu des milieux des segments limités à deux plans parallèles donnés.

883. Trouver le lieu géométrique des points équidistants de deux plans donnés soit parallèles, soit sécants.

884. Lieu géométrique des points dont la somme des distances, à deux plans parallèles donnés, est égale à une longueur donnée.

885. Lieu géométrique des points dont la différence des distances à deux plans parallèles donnés est égale à une longueur donnée.

886. A quelle condition existe-t-il des points équidistants de quatre droites parallèles?

887. Trouver le lieu géométrique des points équidistants de deux droites parallèles données.

888. Trouver le lieu géométrique des points équidistants de trois droites parallèles données.

889. Construire une droite orthogonale à deux droites D et D′ et rencontrant deux droites Δ et Δ′.

890. Si une droite XY est orthogonale à trois droites D, D′, D″ ces trois droites sont parallèles à un même plan.

891. Construire théoriquement, sans user de déplacement, un plan perpendiculaire à une droite donnée D et passant par un point A donné hors de la droite D.

892. Construire théoriquement, sans user de déplacement, une droite perpendiculaire à un plan P et passant par un point A hors du plan P.

893. Lieu géométrique des milieux des segments de longueur constante limités à deux droites orthogonales données.

894. Quelle est la condition nécessaire et suffisante pour qu'on puisse mener par une droite D un plan perpendiculaire sur une droite D′ quelconque par rapport à D.

895. Étant donnée une droite OX qui pivote dans un plan fixe autour du point O on mène d'un point A fixe un plan perpendiculaire sur la droite OX, lieu géométrique du point de rencontre de ce plan et de la droite OX, quand cette droite pivote autour de O.

896. Par un point fixe O de l'axe d'un cercle C on mène les perpendiculaires aux plans déterminés par le point O et une tangente quelconque au cercle, trouver le lieu géométrique des points où ces perpendiculaires rencontrent le plan du cercle.

897. Démontrer que les angles formés par les perpendiculaires à deux plans sont égaux aux rectilignes des angles dièdres formés par les deux plans.

898. On considère trois plans qui se coupent en un point O, deux d'entre eux étant rectangulaires; démontrer que la somme des deux angles dièdres formés par le troisième plan avec les deux faces du dièdre droit est supérieure à 90°.

899. Étant donnés deux plans P et Q perpendiculaires, on mène par un point O de leur intersection dans P une droite OX qui fait avec l'intersection un angle α et dans Q une droite OY qui fait avec l'intersection un angle β : calculer, connaissant α et β, l'angle XOY par une de ses lignes trigonométriques.

900. Les projections de deux droites D et D' sur deux plans sécants P et Q formant deux couples de droites parallèles, démontrer que les droites D et D' sont parallèles.

901. Étant donné dans un plan fixe un angle XOY de grandeur constante qui pivote autour de son sommet O fixe, on abaisse d'un point A extérieur au plan P des perpendiculaires AB et AC sur OX et OY, trouver le lieu du milieu M de BC.

902. Rechercher le lieu géométrique des points équidistants de deux droites concourantes données.

903. Rechercher le lieu géométrique des points équidistants de trois droites concourantes données.

904. Trouver le lieu géométrique des points M également distants d'une part de deux points donnés A et B, d'autre part de deux droites concourantes données OX, OY.

905. Rechercher le lieu géométrique des droites issues d'un point fixe O et faisant des angles égaux avec deux droites quelconques données D et D'.

906. Rechercher le lieu géométrique des droites issues d'un point fixe O et faisant des angles égaux avec trois droites quelconques données D, D', D".

907. Si une droite D est perpendiculaire à un plan P la projection orthogonale de cette droite sur un plan Q est perpendiculaire à l'intersection XY de P et de Q.

908. Démontrer que, si A'B'C' est la projection orthogonale du triangle ABC, ni le centre O' du cercle circonscrit au triangle A'B'C', ni le point de concours H' des hauteurs du triangle A'B'C' ne sont les projections des points analogues O et H du triangle ABC. Cas d'exception.

909. Deux droites D et D' ont des projections orthogonales sur un plan P parallèles, démontrer que les projections sur le plan P des parallèles au plan P qui rencontrent D et D' passent par un point fixe.

910. Étant donné un triangle ABC, lieu géométrique des droites issues de A et telles que les projections orthogonales de B et de C sur ces droites soient confondues.

EXERCICES.

911. Rechercher le lieu géométrique de l'extrémité M d'un segment OM de longueur donnée l ayant l'origine O fixe, sachant que les projections de ce segment sur deux droites données D et D′ sont égales.

912. Déterminer la position d'un segment OA dont les projections sur trois droites données OX, OY, OZ sont égales.

913. Comment doit être dirigé le plan de projection pour que la projection orthogonale d'un angle $\widehat{ABC}$ admette pour bissectrice la projection de la bissectrice de l'angle donné $\widehat{ABC}$.

914. A quelle condition un triangle isocèle se projette-t-il orthogonalement sur un plan suivant un triangle isocèle.

915. Démontrer que la projection orthogonale d'un angle droit sur un plan P est 1° un angle obtus, si zéro ou deux côtés rencontrent le plan P; 2° un angle aigu, si un seul des côtés et le prolongement de l'autre rencontrent le plan P; 3° un angle droit si au moins un des côtés est parallèle au plan P.

916. Quelle est la projection orthogonale d'un carré ABCD sur un plan P. Appelant XY l'intersection du plan du carré et du plan P et sachant : 1° que la diagonale AC du carré est égale à $0^m,15$; 2° que la diagonale AC fait avec XY un angle de 45°; 3° que l'angle du plan du carré et du plan P est de 60°, calculer l'aire du polygone projection du carré ABCD.

*Appelant **angle d'une droite et d'un plan** l'angle d'une droite et de la projection orthogonale de cette droite sur un plan, résoudre les exercices suivants :*

917. L'angle d'une droite et d'un plan est le plus petit des angles que fait la droite avec une droite quelconque du plan.

918. Étant donnés deux plans P et Q qui se coupent suivant une droite XY les droites du plan P qui font le plus grand angle avec le plan Q sont les perpendiculaires à l'intersection XY.

919. Tracer une droite qui passe par un point donné A hors d'un plan P et qui fasse avec ce plan un angle donné : le problème admet une infinité de solutions, déterminer celles des droites répondant à la question qui rencontrent une droite donnée D. Discuter alors la possibilité de la construction.

920. Étant donnés deux plans perpendiculaires P et Q se coupant suivant XY et un point A du plan P, mener par A une droite AB faisant avec le plan P un angle α et avec le plan Q un angle β. Discuter la possibilité de la construction.

921. Lieu géométrique des droites issues d'un point donné A et qui font des angles égaux avec deux plans sécants donnés P et Q.

922. Déterminer la droite issue d'un point donné A qui fait des angles égaux avec trois plans donnés concourant en un point O. Lieu géométrique de cette droite quand A décrit une droite donnée.

923. On donne trois droites D, D′, D″ dont deux quelconques ne sont pas dans un même plan. Construire une quatrième droite Δ qui les rencontre en A, B, C de manière que l'un des points de rencontre soit le milieu de la distance entre les deux autres. Généraliser, en construisant Δ pour que le rapport $\dfrac{CA}{BA}$ soit égal à un nombre donné k.

924. Soit OXYZ un trièdre trirectangle dont les arêtes sont coupées en A, B, C par un plan quelconque, sur lequel le point O se projette en I. Démontrer :

1° Que le triangle ABC n'a que des angles aigus ;

2° Que le triangle AOB est moyenne proportionnelle entre les triangles AIB et ACB.

3° Que le carré de l'aire du triangle ABC est égal à la somme des carrés des aires des triangles AOB, BOC, COA ;

4° Que $\dfrac{1}{\overline{OI}^2} = \dfrac{1}{\overline{OA}^2} + \dfrac{1}{\overline{OB}^2} + \dfrac{1}{\overline{OC}^2}$.

LIVRE VI

PRISME ET CYLINDRE. — PYRAMIDE ET CÔNE — SPHÈRE.

715. — Polyèdre. — *On appelle polyèdre un solide limité de toutes parts par des polygones plans.*

Ces polygones s'appellent les *faces* du polyèdre, les côtés de ces polygones sont les *arêtes* du polyèdre, et leurs sommets sont les *sommets* du polyèdre.

Chaque arête du polyèdre est commune à deux faces et deux seulement qui forment un *angle dièdre* du polyèdre.

On appelle *diagonale* d'un polyèdre une droite qui joint deux sommets non situés dans la même face.

Un polyèdre est dit **convexe** *s'il est situé tout entier du même côté du plan de chacune de ses faces.*

§ 1. — Prisme.

716. — Surface prismatique. — Soit un polygone plan ABCDE et une droite XY *non parallèle* au plan de ce polygone (fig. 428).

Soit une *droite indéfinie* GG' qui se déplace en restant *parallèle* à XY et en s'appuyant constamment sur le polygone.

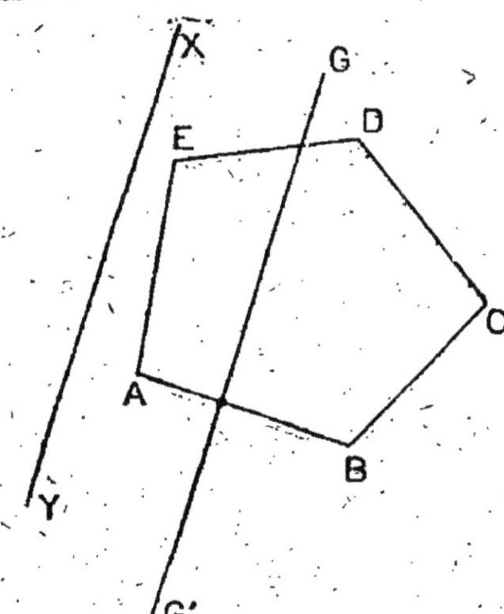

Fig. 428.
Génération d'une surface prismatique.

Elle engendre *une surface indéfinie* ayant la forme d'un *tube* que l'on appelle une *surface prismatique*.

Les positions A'A″, B'B″, C'C″, D'D″, E'E″ prises par la droite mobile lorsqu'elle passe par les sommets du polygone s'appellent les *arêtes de la surface prismatique*.

Deux arêtes consécutives limitent une portion de plan que l'on appelle une *face de la surface prismatique*.

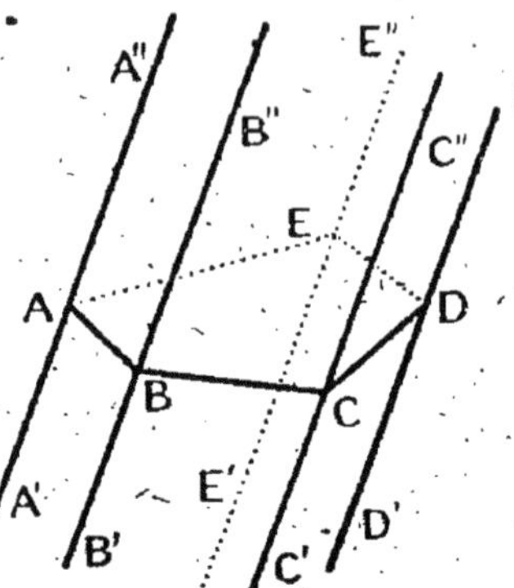

Fig. 429. — Surface prismatique.

717. — Dans une *translation rectiligne* dont les glissières sont parallèles à XY, la surface prismatique *glisse sur elle-même.*

718. — **Théorème.** — *Les sections d'une surface prismatique par deux plans parallèles sont égales* (fig. 430).

C'est évident, car elles se déduisent l'une de l'autre par une translation dont les glissières sont les arêtes de la surface prismatique.

719. — **Définition.** — *On appelle* **section droite** *d'une surface prismatique une section dont le plan est perpendiculaire aux arêtes.*

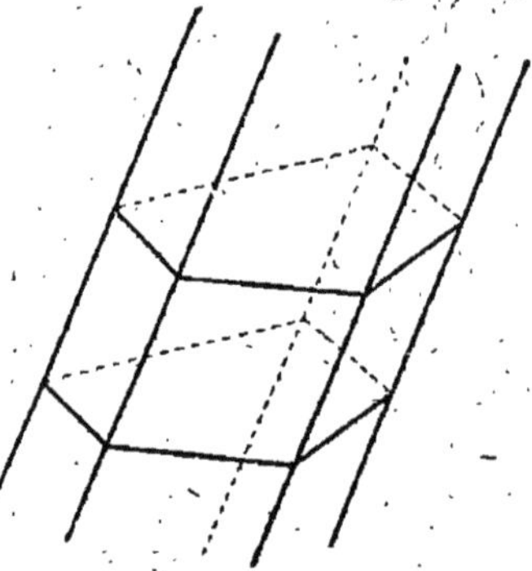

Fig. 430.

Toutes les sections droites d'une surface prismatique sont égales.

720. — **Prisme.** — *Soit une surface prismatique.* Coupons-la par deux plans *parallèles.*

Le solide limité par la portion de surface prismatique comprise entre les deux plans et par les polygones de section s'appelle un *prisme* (fig. 431).

Ces deux sections égales s'appellent les *bases du prisme*.

Les autres faces du prisme sont les *faces latérales du prisme*.

Toutes les faces latérales sont des parallélogrammes.

Toutes les arêtes latérales d'un prisme sont égales.

721. — La *hauteur* d'un prisme est la *distance* des plans des deux bases.

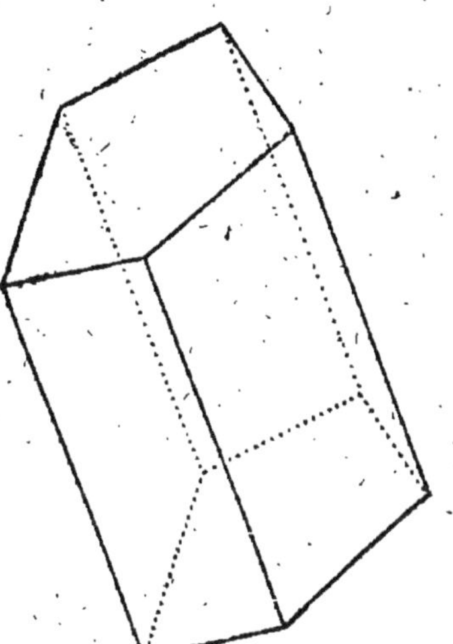

Fig. 431. — Prisme.

722. — Prisme droit. — *Un prisme est dit* **droit** *lorsque les arêtes latérales sont perpendiculaires aux plans des bases ; il est dit* **oblique** *dans le cas contraire.*

723. — Dans un prisme droit, les arêtes latérales sont égales à la hauteur du prisme et les faces latérales sont des rectangles.

724. — Parallélépipède. — *On appelle* **parallélépipède** *un prisme dont les deux bases sont des parallélogrammes.*

Un parallélépipède a six faces qui sont toutes des parallélogrammes.

Il en résulte qu'un parallélépipède peut être considéré de *trois manières différentes* comme un prisme.

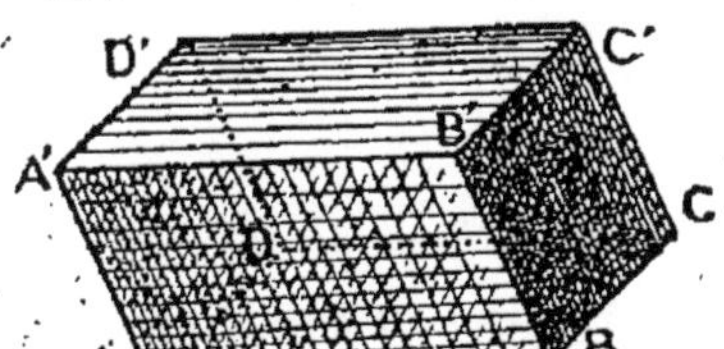

Fig. 432. — Parallélépipède.

Soit le parallélépipède ABCD A'B'C'D' dont les bases sont les deux parallélogrammes ABCD et A'B'C'D' (fig. 432).

Nous pouvons aussi le considérer *comme un prisme* dont les *bases* sont les deux parallélogrammes ADD'A' et BCC'B' et *comme un prisme* dont les *bases* sont les deux parallélogrammes AB'B'A' et DCC'D'.

725. — Diagonales d'un parallélépipède. — *Un parallélépipède a quatre diagonales*

AC', BD', CA' et DB'.

726. — Théorème. — *Les diagonales d'un parallélépipède se coupent en un même point qui est le milieu de chacune d'elles.*

Ce théorème est une *conséquence* du suivant :

Un parallélépipède a un centre de symétrie qui est le point de concours des diagonales.

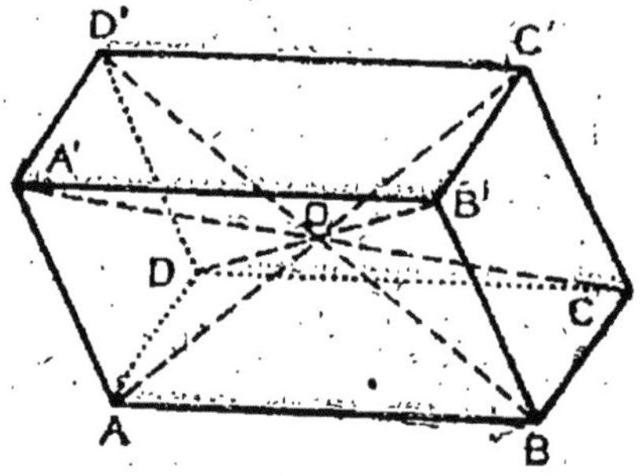

Soit en effet la diagonale AC' et O son *milieu* (fig. 433). Les deux plans ABCD et A'B'C'D' *étant parallèles*, sont *symétriques* par rapport au point O.

Il en est de même des plans des deux faces

Fig. 433.

ADA'D' et BCB'C'

et des plans des deux faces

ABA'B' et DCD'C'.

Ainsi les plans des six *faces* sont *symétriques deux à deux par rapport au point* O. Le point O est donc *centre de symétrie* et les sommets sont *symétriques deux à deux par rapport au point* O.

727. — Parallélépipède rectangle. — *On appelle paral-*

lélépipède **rectangle** un *prisme droit dont les deux bases sont des rectangles* (fig. 434).

Toutes les faces d'un parallélépipède rectangle sont des *rectangles*.

728. — *On appelle* **cube** *un parallélépipède rectangle dont les arêtes sont toutes égales.*

Les faces d'un cube sont des carrés égaux.

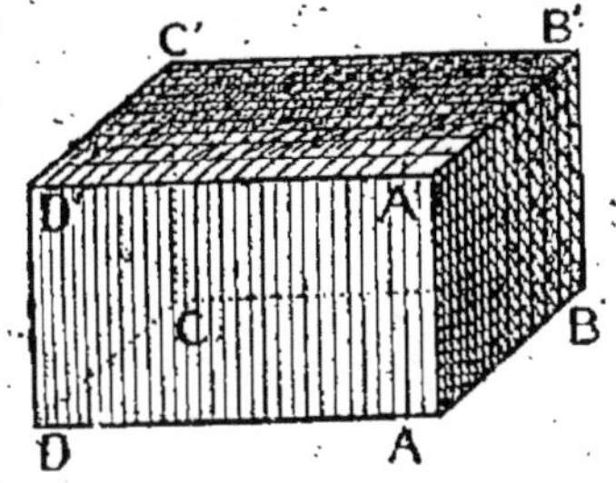

Fig. 434.
Parallélépipède rectangle.

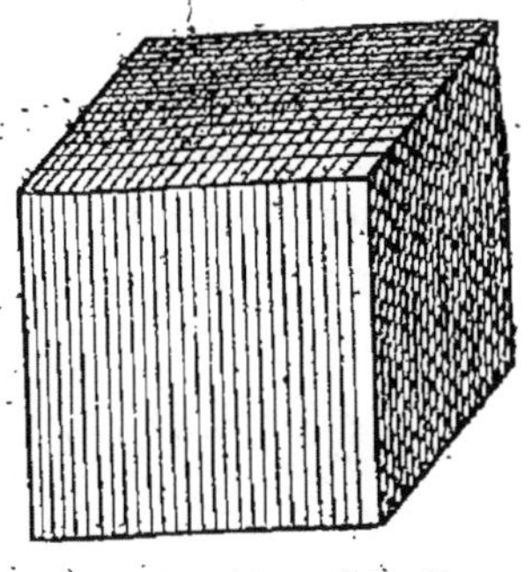

Fig. 435. — Cube.

729. — **Théorème.** — *Dans un parallélépipède rectangle, le carré d'une quelconque des diagonales est égal à la somme des carrés des trois arêtes.*

Soit un *parallélépipède rectangle* dont les arêtes OA, OB, OC ont respectivement pour longueur a, b, c (fig. 436).

Soit OD la *diagonale* issue du sommet O.

Nous allons démontrer que
$$\overline{OD}^2 = a^2 + b^2 + c^2.$$

Le triangle ODF est *rectangle* et donne
$$\overline{OD}^2 = \overline{OF}^2 + \overline{DF}^2$$
$$= \overline{OF}^2 + c^2.$$

Le triangle OFA est aussi *rectangle* et donne
$$\overline{OF}^2 = \overline{OA}^2 + \overline{AF}^2$$
$$= a^2 + b^2.$$

Donc
$$\overline{OD}^2 = a^2 + b^2 + c^2.$$

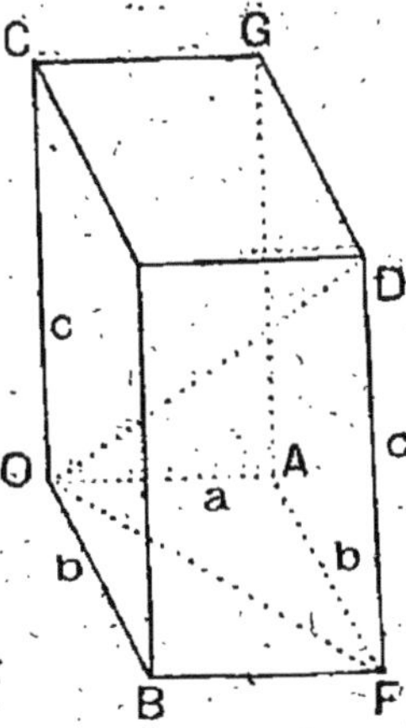

Fig. 436.

730. — Corollaire. — *Soit un cube d'arête a, OD sa diagonale.*

$$\overline{OD}^2 = a^2 \times 3,$$
$$OD = a\sqrt{3}.$$

§ 2. — Cylindre.

731. — Surface cylindrique. — Soit une *courbe plane fermée* (D) et une droite XY *non parallèle* au plan de la courbe (D) (fig. 437).

Considérons une droite indéfinie GG′ qui se déplace en *restant parallèle* à XY et en *s'appuyant constamment sur la courbe* (D).

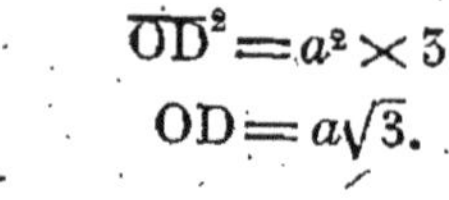

Fig. 437. — Génératrice d'une surface cylindrique.

La droite GG′ engendre *une surface indéfinie qu'on* appelle **une surface cylindrique.**

Chaque position de la droite mobile GG′ s'appelle une *génératrice* de la surface. — La courbe (D) s'appelle la *directrice* de la surface cylindrique.

732. — *Une surface cylindrique peut glisser sur elle-même.*

733. — *Les sections d'une surface cylindrique par deux plans parallèles sont égales,* car une translation les superpose.

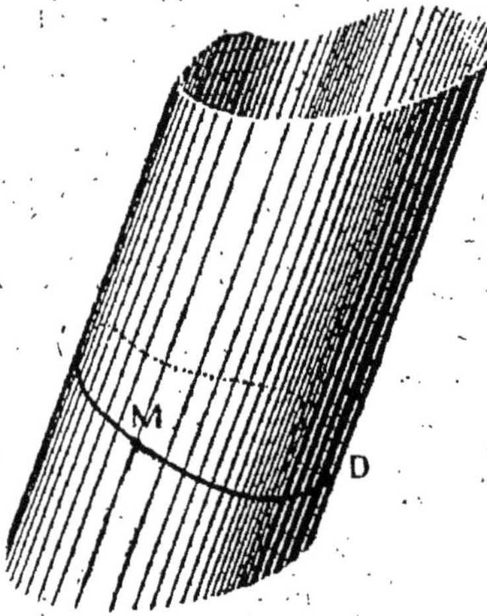

Fig. 438. — Surface cylindrique.

734. — On appelle *section droite* d'une surface cylindrique, une section de cette surface par un plan *perpendiculaire aux génératrices.*

Toutes les sections droites d'une surface cylindrique sont égales.

735. — Surface cylindrique de révolution. — Soit un cercle de centre O. Menons l'*axe de ce cercle*, c'est-à-dire la *perpendiculaire* XY. élevée à son plan par son centre.

Considérons une surface cylindrique ayant le cercle pour *directrice* et dont les génératrices sont parallèles à XY.

Cette surface cylindrique est dite de *révolution*, car elle est engendrée par la *rotation* autour de XY d'une droite GG' *parallèle* à XY et *invariablement liée* à XY.

736. — Cylindre. — Coupons une surface cylindrique par *deux plans parallèles* non parallèles aux génératrices.

Le solide limité par *les deux sections* et par la *portion de surface cylindrique comprise entre les plans* de ces deux sections s'appelle un *cylindre*.

Les deux sections égales s'appellent les *bases du cylindre*. Leur distance est la *hauteur du cylindre*.

737. — Cylindre droit. — *Un cylindre est* **droit** *lorsque les plans des deux sections sont perpendiculaires aux génératrices.*

738. — Cylindre de révolution. — Soit une *surface cylindrique de révolution*, coupons-la par deux plans perpendiculaires aux génératrices. Le cylindre obtenu est un *cylindre de révolution* (fig. 439).

Un *cylindre de révolution est un cylindre droit dont les bases sont des cercles.*

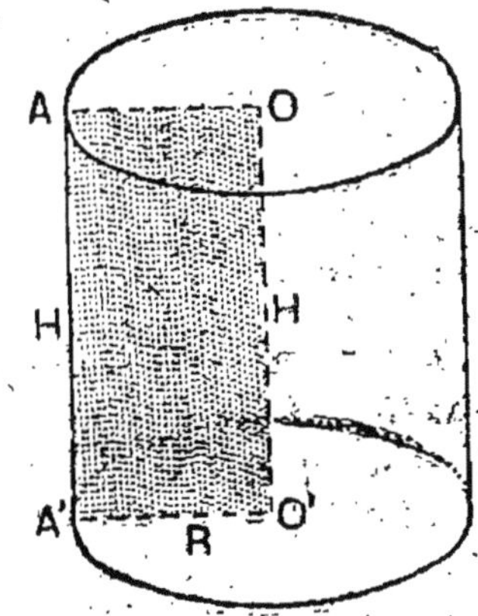

Fig. 439.
Cylindre de révolution.

Il peut être engendré par la rotation d'un rectangle OA O'A tournant autour du côté OO' supposé fixe (fig. 439).

En effet, les deux côtés OA et O'A' engendrent les *surfaces de deux cercles* dont les plans sont perpendiculaires à la droite OO'. La droite AA' se déplace en restant *parallèle* à OO'. Elle engendre donc une *surface cylindrique* qui a pour directrice l'un quelconque des cercles précédents.

Le *cylindre de révolution* limité par cette surface et les plans des deux cercles est le corps *engendré par la rotation du rectangle.*

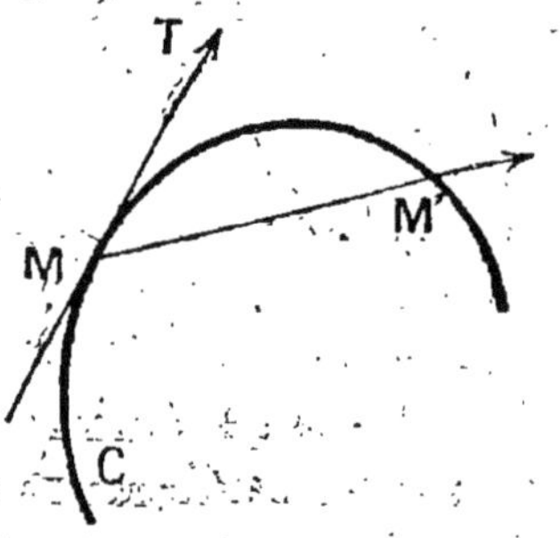

Fig. 440.
Tangente à une courbe.

739. — **Tangente à une courbe.** — Nous avons défini, en *géométrie plane*, la *tangente* à une courbe plane quelconque.

La *même définition* s'applique à une courbe qui n'est pas située dans un plan.

Soit une *courbe* C et un point *fixe* M sur cette courbe (fig. 440). Soit M' un point de la *courbe* C voisin du point M.

La tangente MT *au point* M *est la droite avec laquelle vient se confondre la droite* MM' *lorsque le point* M' *vient se confondre avec le point* M *en décrivant la courbe.*

740. — **Plan tangent à une surface.** — Soit un point M pris sur une surface S (fig. 441). Traçons sur la surface S *différentes courbes* C_1,.... C_2, C_3, passant par le point M, et considérons les *tangentes* MT_1, MT_2, MT_3,... à ces différentes courbes:

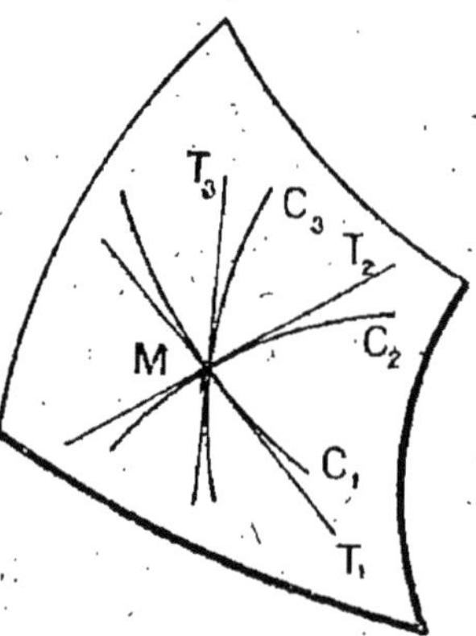

Fig. 441.

On démontre qu'en général toutes ces tangentes sont dans

un *même plan* qui s'appelle *le* **plan tangent** *à la surface* S *au point* M.

741. — Théorème. — *En un point* M *d'une surface.*
cylindrique, *il y a un plan*
tangent défini de la ma-
nière suivante :

On mène la *génératrice*
MG passant par le point M
(fig. 442). Elle rencontre la
directrice (D) en un point
G. On mène la *tangente* GT
à la directrice (D).

Le plan passant par les
deux droites MG *et* GT *est*
le plan tangent à la surface
au point M.

Traçons sur la surface
cylindrique une *courbe*

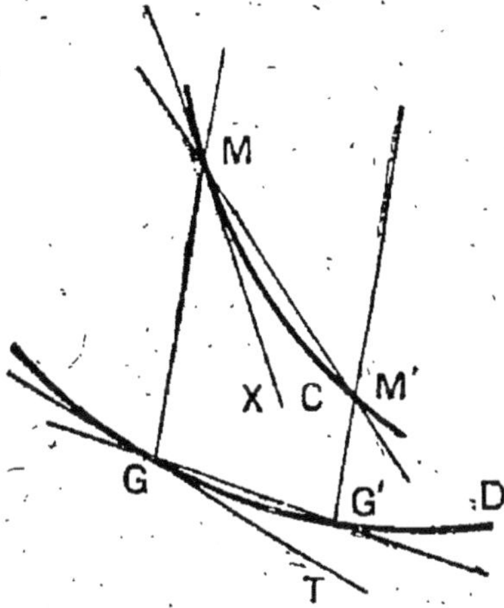

Fig. 442.
Plan tangent à une surface cylindrique.

quelconque (C) passant par M. Soit MX la *tangente* à cette
courbe. *Il s'agit de démontrer que* MX *est dans le plan* MGT,
ou encore que les deux droites MX et GT sont *dans un*
même plan.

Soit M′ un point de la *courbe* (C) voisin du point M. La
génératrice passant par le point M′ rencontre la *directrice*
au point G′.

Lorsque M′ *vient se confondre* avec M, G′ vient se confondre avec G. Alors la droite MM′ vient se confondre
avec MX et la droite GG′ avec GT.

Or, les deux droites MM′ et GG′ sont *constamment dans*
un même plan, qui est le plan contenant les deux génératrices parallèles MG et M′G′. Donc les droites MX et GT
avec lesquelles *elles viennent se confondre sont* également
dans un même plan.

742. — Corollaire. — *Les plans tangents à une surface cylin-*
drique aux différents points d'une même génératrice coïncident.

§ 3. — Pyramide.

743. — Angle polyèdre. — Soit un *polygone plan* ABCDF et un point S *extérieur* au plan de ce polygone.

Considérons une demi-droite *mobile SX limitée au point fixe S* et qui se déplace en *s'appuyant constamment sur le polygone.*

Elle engendre une surface indéfinie qu'on appelle un angle polyèdre.

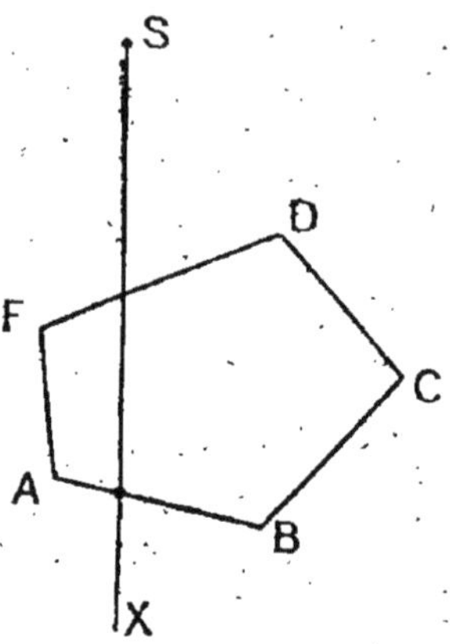

Fig. 443.
Génération d'un angle polyèdre.

744. — Le point S est le *sommet* de l'angle polyèdre ; les demi-droites SA, SB, SC, SD, SF en sont les *arêtes* ; les angles saillants $\widehat{ASB}$, $\widehat{BSC}$, $\widehat{CSD}$, $\widehat{DSF}$, $\widehat{FSA}$ sont les *faces* de l'angle polyèdre. Deux faces consécutives forment un *dièdre* de l'angle polyèdre.

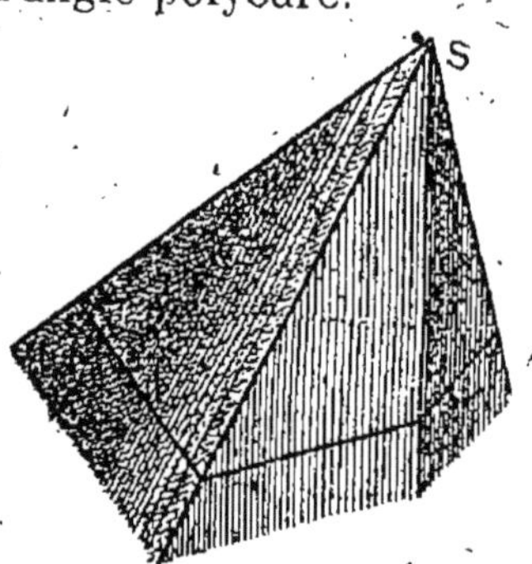

Fig. 444. — Angle polyèdre.

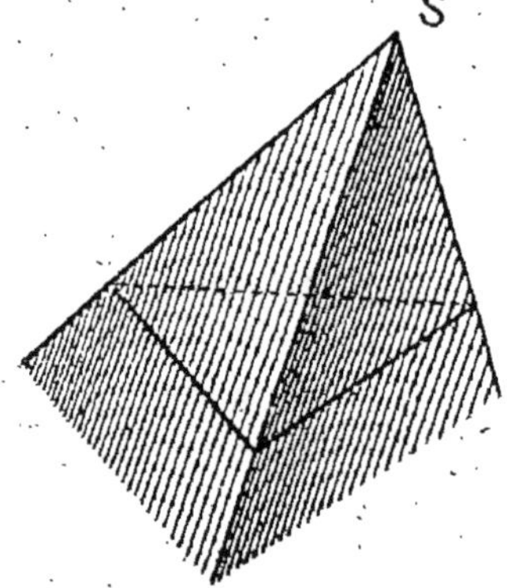

Fig. 445. — Angle trièdre.

745. — Angle trièdre. — En particulier, on appelle *angle trièdre* (fig. 445), un angle polyèdre qui a trois arêtes.

On obtient un angle trièdre en menant les demi-droites qui joignent un point S extérieur au plan d'un triangle aux trois sommets de ce triangle.

Un *angle trièdre* a *trois faces* et *trois dièdres.*

***746. — Théorème.** — *La somme des faces d'un angle trièdre est inférieure à 4 angles droits.*

LEMME I. — *Soit S′ un point pris dans le plan du triangle ABC.*

La somme $\qquad \widehat{AS'B} + \widehat{BS'C} + \widehat{CS'A}$

ne dépasse pas quatre angles droits.

En effet, si S′ est intérieur au triangle ABC, la somme de ces trois angles est égale à 4 droits.

Et si S′ est extérieur au triangle ABC (fig. 446), l'un des trois angles est égal à la somme des deux autres. La somme des trois angles est donc égale au double du plus grand, et par suite plus petite que 4 droits.

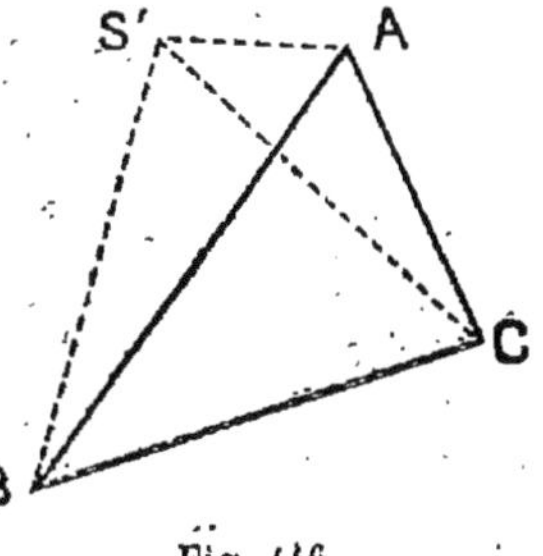

Fig. 446.

LEMME II. — *Soit un triangle isocèle SAB dont la base AB est située dans un plan P (fig. 447). Soit S′ la projection orthogonale du point S sur le plan P.*

L'angle $\widehat{AS'B}$ est plus grand que l'angle $\widehat{ASB}$.

En effet, abaissons S′H perpendiculaire sur AB. La droite SH est *perpendiculaire* sur AB (théorème des trois perpendiculaires).

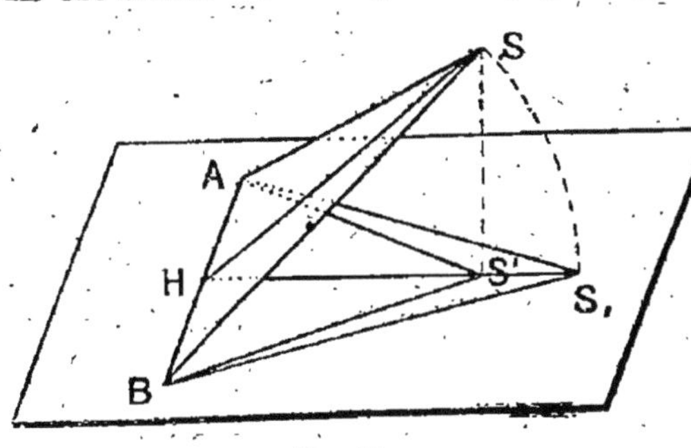

Fig. 447.

Si donc on fait pivoter le plan ASB autour de AB pour l'appliquer sur le plan P, le point S viendra tomber sur la droite HS′ en un point S_1.

Il tombera d'ailleurs *au delà* du point S′, car HS *est plus grand que* HS′. En effet, HS′ est *perpendiculaire* à la droite SS′, tandis que HS est une *oblique* à cette même droite.

On voit alors que l'angle $\widehat{AS'H}$ *extérieur* au triangle $AS'S_1$ est *plus grand que l'angle intérieur* non adjacent $\widehat{AS_1S'}$.

$$\widehat{AS'H} > \widehat{AS_1S'}$$

et en multipliant par 2

$$\widehat{AS'B} > \widehat{AS_1B}$$

c'est-à-dire

$$\widehat{AS'B} > \widehat{ASB}.$$

Démonstration. — Cela posé, soit un angle trièdre SABC (fig. 448). Sur les arêtes prenons trois longueurs égales SA, SB et SC.

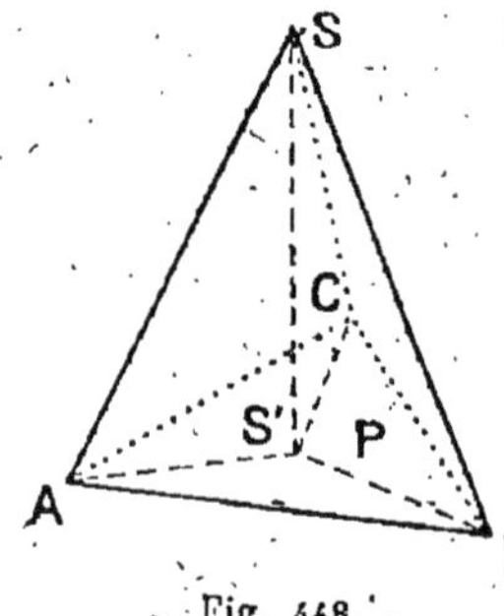

Fig. 448.

Menons le plan P passant par les trois points A, B, C et abaissons SS′ perpendiculaire sur ce plan.

D'après le lemme II, on a

$$\widehat{ASB} < \widehat{AS'B},$$
$$\widehat{BSC} < \widehat{BS'C},$$
$$\widehat{CSA} < \widehat{CS'A},$$

d'où par addition

$$\widehat{ASB} + \widehat{BSC} + \widehat{CSA} < \widehat{AS'B} + \widehat{BS'C} + \widehat{CS'A}.$$

Le théorème est donc démontré puisqu'on vient de voir (lemme I) que la somme

$$\widehat{AS'B} + \widehat{BS'C} + \widehat{CS'A}$$

ne dépasse pas 4 angles droits.

***747. — Théorème.** — *Dans un trièdre une face quel-conque est plus petite que la somme des deux autres.*

Soit le trièdre SABC (fig. 449).

Nous allons démontrer par exemple que

$$\widehat{ASB} < \widehat{ASC} + \widehat{BSC}.$$

Soit SC' le *prolongement* de l'arête SC.

Appliquons le théorème précédent au trièdre SABC'.

On a

$$\widehat{ASB} + \widehat{ASC'} + \widehat{BSC'} < 4\,dr.$$

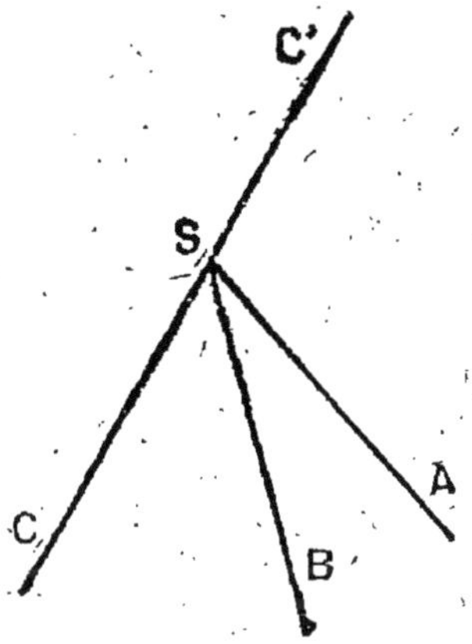

Fig. 449.

Or

$$\widehat{ASC'} = 2\,dr - \widehat{ASC},$$

$$\widehat{BSC'} = 2\,dr - \widehat{BSC}.$$

L'inégalité précédente s'écrit donc

$$\widehat{ASB} + 2\,dr - \widehat{ASC} + 2\,dr - \widehat{BSC} < 4\,dr$$

ou

$$\widehat{ASB} < \widehat{ASC} + \widehat{BSC}.$$

748. — Théorème. — *Les sections d'un angle trièdre par deux plans parallèles sont deux triangles semblables. Le rapport de similitude est égal au rapport des distances des deux plans aux sommets.*

Soient ABC, A'B'C' les *sections planes* d'un angle trièdre par *deux plans parallèles* (fig. 450).

Lés deux triangles ont leurs côtés *parallèles* comme intersections de plans parallèles par un troisième. Deux angles ont donc leurs côtés parallèles et de même sens : ils sont par suite *égaux* et les deux triangles sont *semblables.*

Cherchons le *rapport de similitude*.

Sa valeur est

$$\frac{A'B'}{AB}.$$

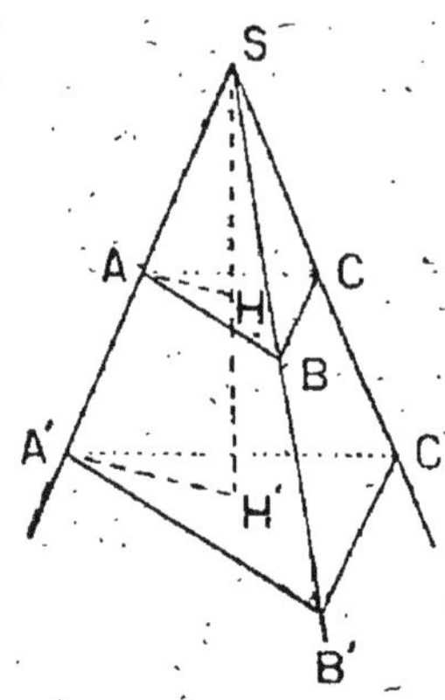

Fig. 450.

A'B' étant parallèle à AB, on a

$$\frac{A'B'}{AB} = \frac{SA'}{SA}.$$

Abaissons la *perpendiculaire* du sommet S sur les deux plans de section, et soient H et H' les points où elle les rencontre ; les deux triangles SAH et SA'H' sont *semblables*, puisque AH et A'H' sont *parallèles* (comme sections de deux plans parallèles par le plan ASH).

Donc

$$\frac{SA'}{SA} = \frac{SH'}{SH},$$

et on a :

$$\frac{A'B'}{AB} = \frac{SH'}{SH}.$$

749. — Théorème. — *Les sections d'un angle polyèdre par deux plans parallèles sont deux polygones semblables. Le rapport de similitude est égal au rapport des distances des deux plans au sommet.*

Soient ABCD, A'B'C'D' les sections d'un angle polyèdre S par deux plans *parallèles* P et P' (fig. 451).

Abaissons du point S la *perpendiculaire* sur les deux plans qui la rencontrent en H et H'.

Nous allons démontrer que les deux polygones sont semblables et ont pour rapport de similitude $\dfrac{SH'}{SH}$.

Projetons *orthogonalement* le polygone A'B'C'D' sur le plan P.

La projection est un polygone $A_1 B_1 C_1 D_1$ égal à A'B'C'D'.

Le point A_1 est sur la droite HA; le point B_1 est sur la droite HB, etc.

De plus A_1B_1 est *parallèle* à AB, B_1C_1 est *parallèle* à BC....

Les deux polygones ABCD et $A_1B_1C_1D_1$ sont donc *homothétiques* par rapport au point H. Le polygone A'B'C'D' étant égal à $A_1B_1C_1D_1$ est *semblable* à ABCD.

Le rapport de similitude est

$$\frac{HA_1}{HA} = \frac{H'A'}{HA} = \frac{SH'}{SH}.$$

750. — Pyramide. — Soit un *angle polyèdre*, coupons-le par un plan rencontrant *toutes les arêtes*.

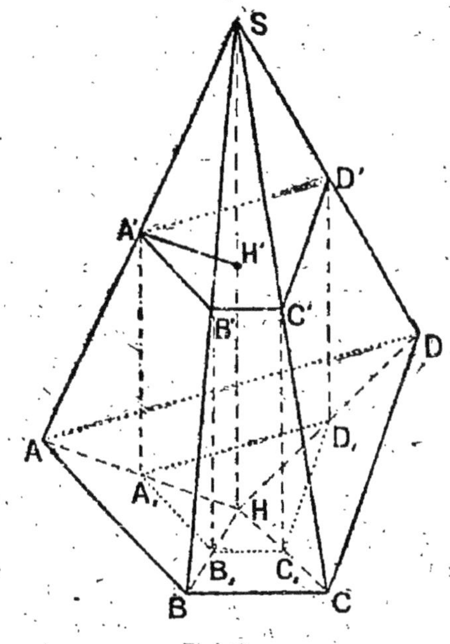

Fig. 451.

Le solide limité par le *polygone de section* et par la portion *de l'angle polyèdre* qui contient le sommet s'appelle une pyramide (fig. 452).

751. — Le *sommet* de l'angle polyèdre est le **sommet de la pyramide**.

Le *polygone* de section est la **base de la pyramide**.

Les *autres faces* sont des *triangles* qu'on appelle les **faces latérales de la pyramide**.

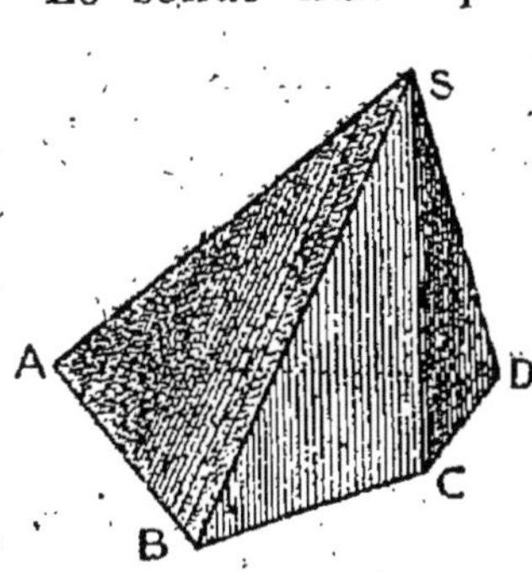

Fig. 452. — Pyramide.

La *distance du sommet* au plan de base est la *hauteur* de la pyramide.

752. — Une pyramide dont la base est un triangle s'appelle un *tétraèdre* parce qu'elle a 4 faces.

Un *tétraèdre* peut être considéré de *4 manières différentes* comme une pyramide, parce qu'on peut prendre pour base l'une quelconque des faces.

753. — **Tronc de pyramide.** — Si [on coupe un angle polyèdre par *deux plans parallèles*, le solide limité par les deux polygones de section et par la portion de l'angle polyèdre comprise entre les deux plans s'appelle un *tronc de pyramide.*

La *distance des deux plans* est la *hauteur* du tronc de pyramide.

Les *deux sections* sont les *bases* du tronc de pyramide.

Les autres faces sont des *trapèzes* qu'on appelle les *faces latérales du tronc de pyramide.*

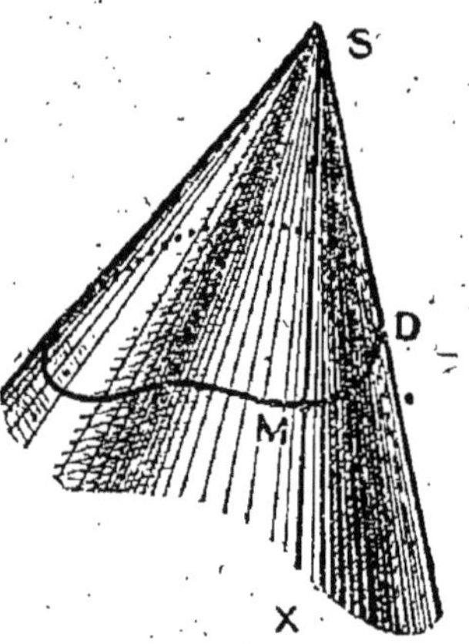

Fig. 453. — Surface conique.

§ 4. — Cône.

754. — **Surface conique.** — Soient une *courbe plane fermée* (D) et un point S pris *hors de son plan* (fig. 453).

Considérons une demi-droite SX *issue du point* S et qui se déplace en *s'appuyant constamment* sur la courbe (D).

Elle *engendre une surface qu'on appelle une* surface conique.

755. — S est le *sommet* de la surface conique.

La courbe (D) s'appelle la *directrice.*

Chaque position de la demi-droite mobile s'appelle une *génératrice* de la surface.

756. — **Théorème.** — *Les sections d'une surface conique par deux plans parallèles sont semblables et le rapport de* *similitude est égal au rapport des distances des deux plans au sommet.*

On admettra ce théorème, en remarquant qu'on peut assimiler une surface conique à un *angle polyèdre* dont les *faces* sont *très nombreuses* et sont des angles très petits.

757. — Surface conique de révolution.

Soit un cercle O, XY *l'axe* de ce cercle, c'est-à-dire la perpendiculaire élevée au plan du cercle par le centre de ce cercle (fig. 454).

Prenons un point *fixe* quelconque S sur cet axe.

La *surface conique* qui a pour *sommet* le point S et pour *directrice* le cercle est dite *surface conique de révolution.*

Elle est en effet *engendrée* par la *rotation* du côté SG d'un angle constant OSG, dont le côté SO est fixe.

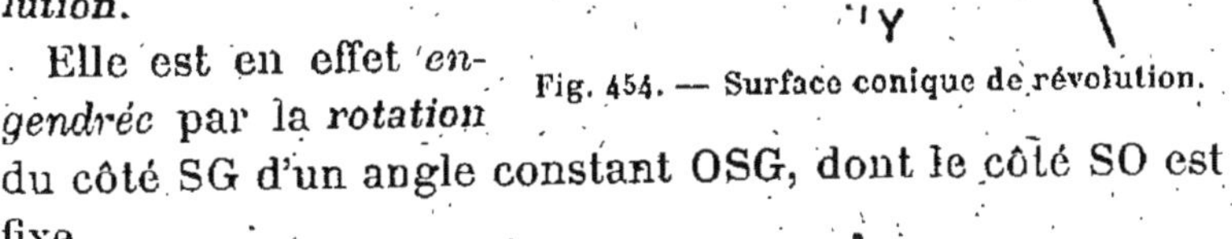

Fig. 454. — Surface conique de révolution.

758. — *Tout plan perpendiculaire à l'axe coupe la surface conique de révolution suivant un cercle ayant son centre sur l'axe.*

759. — **Cône.** — Considérons une *surface conique de sommet S.* Coupons-la par un plan *rencontrant toutes les arêtes.*

Le *solide limité par le plan de section et la portion de la surface conique qui contient le sommet s'appelle un cône.*

La section s'appelle la *base* du cône, le point S le *sommet* du cône. La *hauteur* du cône est la distance du sommet au plan de base.

760. — Cône de révolution. — C'est le solide obtenu en coupant une *surface conique de révolution* par un plan perpendiculaire à l'axe.

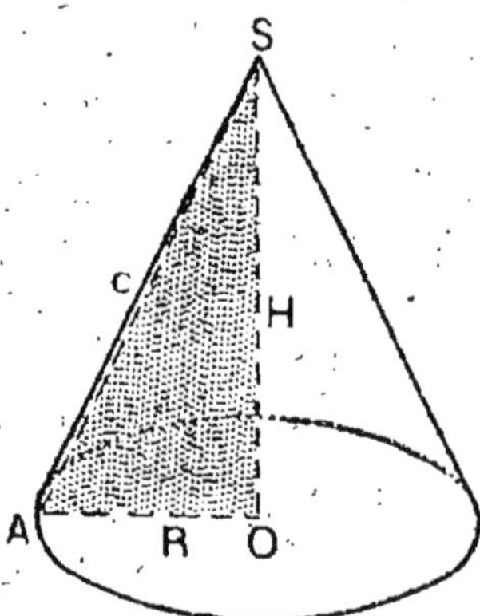

Fig. 455. — Cône de révolution.

Un cône de révolution peut être considéré comme engendré par un triangle rectangle qui tourne autour d'un des côtés de l'angle droit supposé fixe.

Soit le triangle *rectangle* SOA rectangle en O (fig. 455).

Si on *fixe le côté* SO, le segment OA engendre en tournant la *surface d'un cercle*, dont l'axe est SO, et SA engendre une *surface conique de révolution*, de sorte que le *volume balayé par le triangle mobile est un cône de révolution.*

761. — Tronc de cône. — Si on coupe une *surface conique par deux plans parallèles*, le solide limité par les *deux sections* et par la *portion de surface conique comprise entre les deux plans* est un *tronc de cône*.

Les deux *sections* en sont les *bases*.

La distance des deux sections est la *hauteur* du tronc de cône.

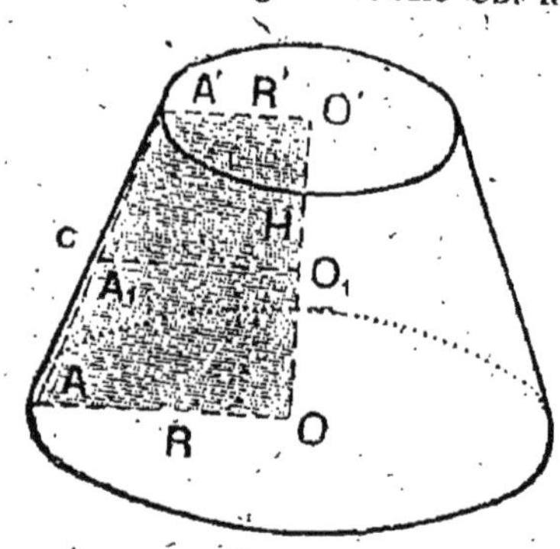

Fig. 456.
Tronc de cône de révolution.

762. — Tronc de cône de révolution. — Si on coupe une *surface conique de révolution* par deux plans *perpen-*

diculaires à son axe, on obtient un *tronc de cône de révo-*
-ution (fig. 456).

Un tronc de cône de révolution peut être considéré comme
engendré par un trapèze OAO'A' dont les deux angles $\widehat{O}$ et $\widehat{O}'$
sont droits et qui tourne autour du côté OO' supposé fixe.

763. — **Théorème.** — *En un point M d'une surface*
conique, il existe un plan tangent défini de la manière sui-
vante :

On *mène la génératrice* SM, qui rencontre la *directrice*
(D) en un point G. Puis on
mène la *tangente* GT à la directrice.

Le plan passant par les deux
droites SG et GT est le plan
tangent à la surface au point M.

La démonstration est la
même que pour la *surface cy-*
lindrique.

Traçons sur la *surface co-*
nique une courbe *quelconque* (C)
passant par le point M. Soit
MX la *tangente* à cette courbe.

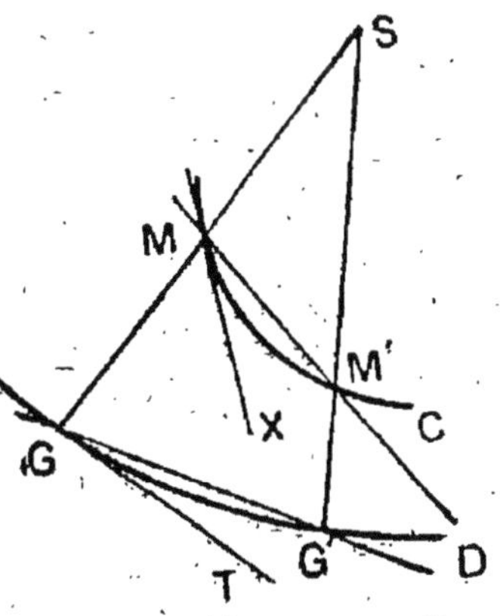

Fig. 457.

Plan tangent à une surface conique

Il s'agit de démontrer que
MX *est dans le plan* SGT, c'est-à-dire que MX et GT sont
dans *un même plan.*

Soit M' un point de la courbe (C) voisin du point M.

La génératrice SM' *rencontre* la directrice (D) en un
point G'.

Lorsque M' *vient se confondre* avec M, G' *vient se con-*
fondre avec G. La droite MM' vient alors se confondre avec
la *tangente* MX et la droite GG' vient se confondre avec
la tangente GT.

Les deux droites MM' et GG' *sont constamment dans un*
même plan, qui est le plan de deux génératrices SG

et SG'. Les droites MX et GT avec lesquelles elles viennent se confondre *sont donc dans un même plan.*

764. — Corollaire. — *Les plans tangents à une surface conique aux différents points d'une même génératrice coïncident.*

§ 5. — La sphère.

765. — Surface de révolution. — *On appelle* **surface de révolution** *la figure engendrée par la rotation d'une ligne autour d'un axe auquel elle est invariablement liée.*

Nous avons déjà rencontré deux surfaces de révolution :

La *surface cylindrique de révolution* engendrée par une droite parallèle à l'axe de rotation.

La *surface conique de révolution* engendrée par une droite qui rencontre l'axe de révolution.

Les exemples de surface de révolution sont extrêmement fréquents, tous les objets faits au tour sont limités par des surfaces de révolution.

Dans une rotation autour de son axe, une surface de révolution glisse sur elle-même.

766. — Parallèle. — Soit une *surface de révolution* engendrée par la rotation d'une ligne L autour de l'axe XY. *Tout point M de la ligne L décrit un cercle dont le plan est perpendiculaire à l'axe et dont le centre est sur l'axe.*

Ce cercle s'appelle un ***parallèle*** de la surface.

Les *sections* d'une surface de révolution par des plans perpendiculaires à l'axe sont donc des *parallèles.*

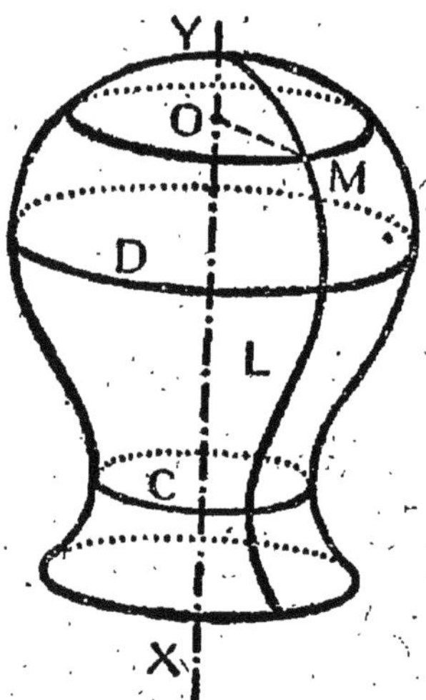

Fig. 458.
Surface de révolution.

767. — Plan méridien. — *On appelle* **plan méridien** *d'une surface de révolution un plan passant par l'axe.*

Un plan méridien coupe la surface de révolution suivant une ligne appelée *méridienne*.

Toutes les méridiennes d'une surface de révolution sont égales.

Car on peut les faire *coïncider* par une rotation autour de l'axe.

768. — *La méridienne complète d'une surface de révolution admet l'axe de la surface comme axe de symétrie.*

Car une *rotation* de 180°, effectuée autour de l'axe, fait coïncider la méridienne avec elle-même.

Dans une *surface conique de* révolution, la *méridienne* est un *angle* dont *l'axe de révolution est la bissectrice.*

Dans une *surface cylindrique de* révolution, la *méridienne* est formée de **deux droites parallèles;** l'axe de révolution est la parallèle à ces deux droites *équidistante de ces deux droites.*

769. — **Sphère.** — *On appelle* **sphère** *la figure formée par l'ensemble des points de l'espace équidistants d'un point appelé centre* (fig. 459).

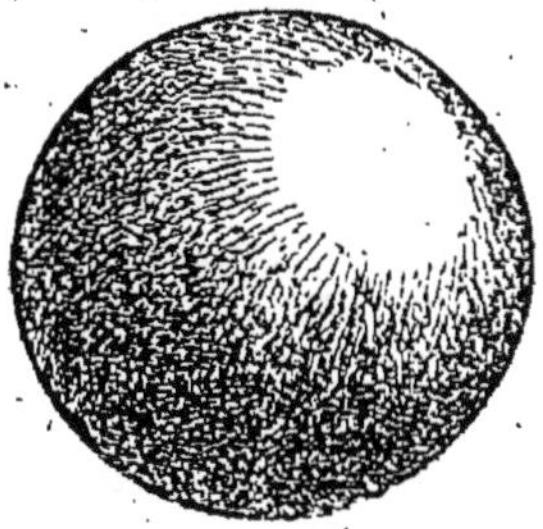

770. — La distance *constante* OM du centre O à un point quelconque M de la sphère est le *rayon de la* sphère.

Un rayon d'une sphère est le segment rectiligne ayant pour *origine* le centre de la sphère et pour *extrémité* un *point quelconque de la sphère.*

Fig. 459. — Sphère.

Tous les rayons sont égaux.

Une corde est un *segment rectiligne* ayant pour *extrémité* deux *points de la sphère.*

Un diamètre est une *corde passant par le centre.* La longueur d'un diamètre est égale au *double du rayon.*

771. — Théorème. — *La section d'une sphère par un plan passant par le centre O est un cercle dont le rayon est égal à celui de la sphère* (fig. 460).

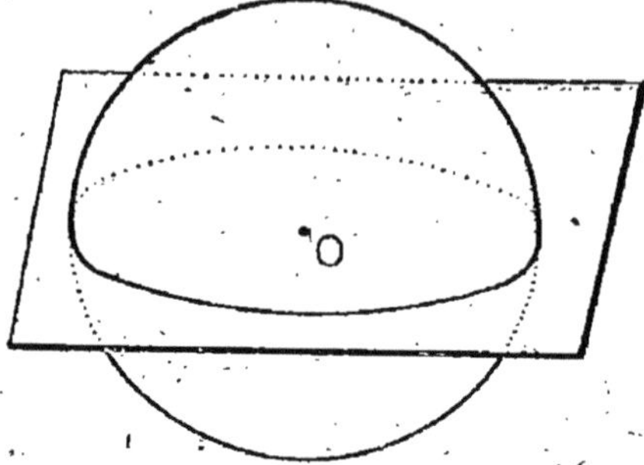

Fig. 460.

Car les *points communs à la sphère et au plan sont les points du plan dont la distance au point O est égale au rayon de la sphère.*

772. — Théorème. — *Une sphère est une surface de révolution qui a pour axe n'importe quel diamètre.*

Soit AOB un *diamètre* de la sphère (fig. 461). Menons par cette droite *un plan P* : il coupe la sphère suivant un cercle.

Si on fait tourner le plan P autour de AB, le cercle engendrera la sphère.

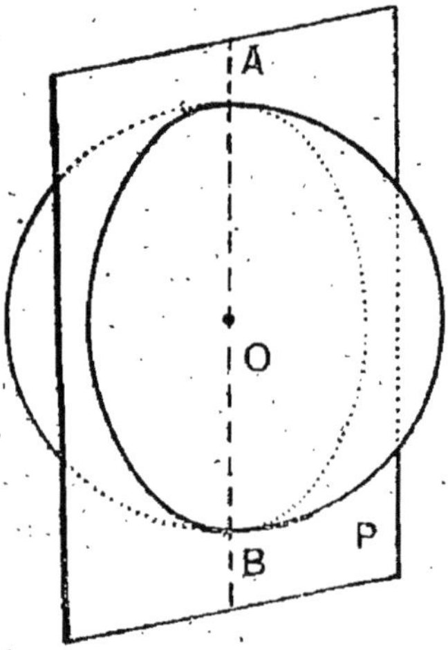

773. — Théorème. — *Dans tout déplacement qui laisse son centre fixe, une sphère glisse sur elle-même.*

Soit une sphère *fixe* S de centre O et une sphère *mobile* S' de même centre et de même rayon.

Ces deux sphères coïncident, car tout point de la première est un point de la seconde et réciproquement.

Si on *déplace* la sphère S' de façon que son centre *reste* au point O, elle ne *cessera pas de coïncider avec la sphère fixe* S.

Fig. 461.

Pour abréger nous dirons que la *sphère S′ glisse sur elle-même.*

774. — Intérieur et extérieur d'une sphère. — Soit une *sphère* de centre O et de *rayon* R. *Elle partage l'espace en deux régions distinctes.*

L'une est formée par les points dont *la distance au centre est plus petite que le rayon.* Le centre de la sphère appartient à cette région qui s'appelle *l'intérieur de la sphère.*

L'autre est formée par les points dont *la distance au centre est plus grande que le rayon.* Elle s'appelle *l'extérieur de la sphère.*

775. — Intersection d'une droite et d'une sphère. — Soit une *droite* D et une *sphère* de centre O et de *rayon* R.

Par la *droite* D et le *point* O, faisons passer un *plan* P : coupe la sphère suivant un *cercle de rayon* R.

Tout point commun à la droite et au cercle est commun à la droite et à la sphère et réciproquement.

Soit OH la distance du centre à la droite D.

1° Si OH $<$ R, la droite et le cercle ont *deux points communs symétriques par rapport à OH* (fig. 462).

La *sphère et la droite ont donc deux points communs.*

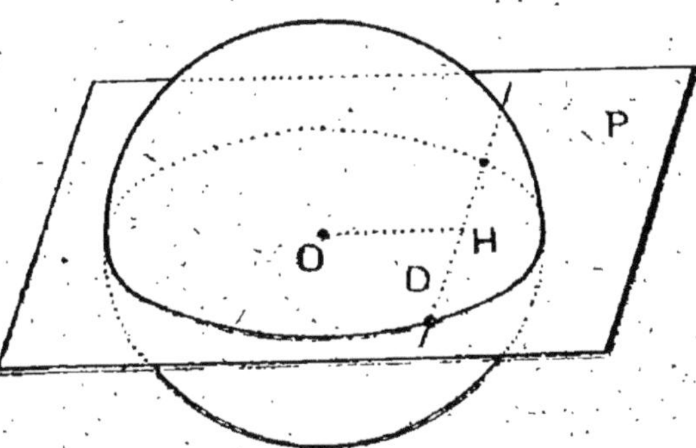

Fig. 462.

2° Si OH $=$ R, la droite et le cercle ont *un seul point commun,* le point H.

La sphère et la droite ont donc un seul point commun.

3° Si OH > R, la droite et le cercle *n'ont pas de point*

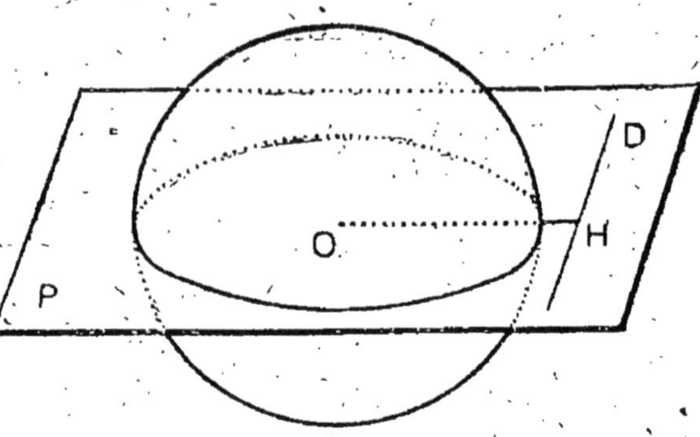

Fig. 463.

commun; la droite et la sphère n'ont donc *pas de point commun* (fig. 463).

Ainsi *une droite et une sphère ont deux points communs, un seul point commun ou pas de point commun,* selon que la *distance du centre à la droite est inférieure, égale ou supérieure au rayon de la sphère.*

776. — *Les réciproques sont vraies* (raisonnement par réduction à l'absurde).

777. — **Corollaire.** — *Une droite et une sphère ne peuvent avoir plus de deux points communs.*

778. — **Intersection d'une sphère et d'un plan.** — Soit un *plan* P et une *sphère* de centre O et de *rayon* R (fig. 464).

Abaissons la *perpendiculaire* OH sur le plan, et par cette droite faisons passer un plan quelconque Q.

Il coupe la sphère suivant un *cercle de rayon* R, le plan P suivant une *droite* XY *perpendiculaire* à OH.

Si on fait *tourner* le plan Q autour de OH, le cercle engendre la sphère et la droite XY engendre le plan P.

Si OH < R (fig. 464), la droite et le *cercle ont deux points*
communs A et B
symétriques par
rapport à OH.
Dans la rotation
ces deux *points*
engendreront un
cercle de centre H,
situé à la fois sur
la sphère O *et*
dans le plan P, *et*
dont l'axe est la
droite OH. Il est
clair que la
sphère et le plan
P n'ont pas *d'au-*

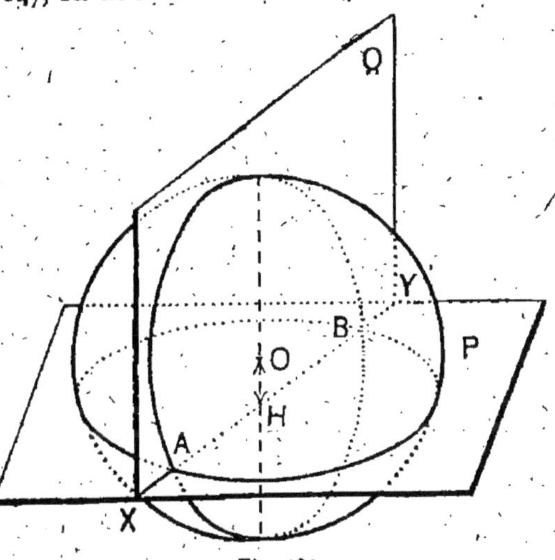

Fig. 464.

tres points communs que les points de ce cercle.

Si OH = R, la *droite et le cercle ont un seul point* commun. Dans la rotation ce point ne bouge pas : la *sphère*
et le plan ont en commun le point H *et n'en ont pas d'autre.*

. Si OH > R, la droite et le cercle n'ont *pas de point* commun, la *sphère et le plan n'en ont pas non plus.*

. Ainsi un *plan et une sphère ont un cercle en commun, ou*
un seul point commun, ou n'ont pas de point commun suivant
que la distance du centre au plan est inférieure, égale ou
supérieure au rayon.

779. — Calcul du rayon de la section. — Soit un
plan P dont la *distance* OH au *centre* de la sphère est
inférieure au rayon.

La section est un *cercle de centre* H (fig. 465).

Soit M un point de ce cercle.

Le triangle OHM est *rectangle.* Donc :

$$OM^2 = OH^2 + HM^2.$$

  PRÉCIS DE GÉOMÉTRIE.

Désignons par R le rayon de la sphère, par d la *distance de son centre au plan sécant*, par r *le rayon de la section.*

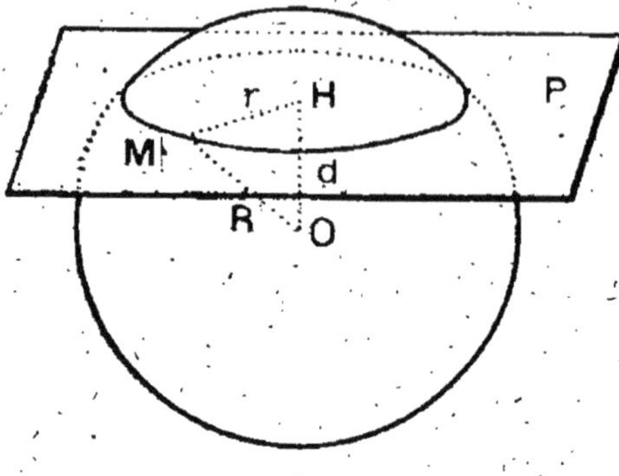

Fig. 465.

L'égalité précédente s'écrit :

$$R^2 = d^2 + r^2$$

ou :

$$r^2 = R^2 - d^2,$$
$$r = \sqrt{R^2 - d^2}.$$

Si d *n'est pas nul,* c'est-à-dire si *le plan* ne passe pas par le centre, r est *plus petit* que R.

Si d est nul, $r = R$.

D'après cela la *section de la sphère par un plan passant par son centre* s'appelle un **grand cercle**.

La *section de la sphère par un plan ne passant pas par son centre* s'appelle un **petit cercle**.

780. — **Pôles d'un cercle de la sphère.** — Soit un cercle *tracé sur la sphère* (fig. 466).

Soit P le plan de ce cercle.

Menons la *perpendiculaire* OH sur le plan P.

H est le *centre* du cercle, la **droite** OH est *donc son axe.*

Cet *axe rencontre la sphère en deux* points A et A' *symétriques par rapport au point* O.

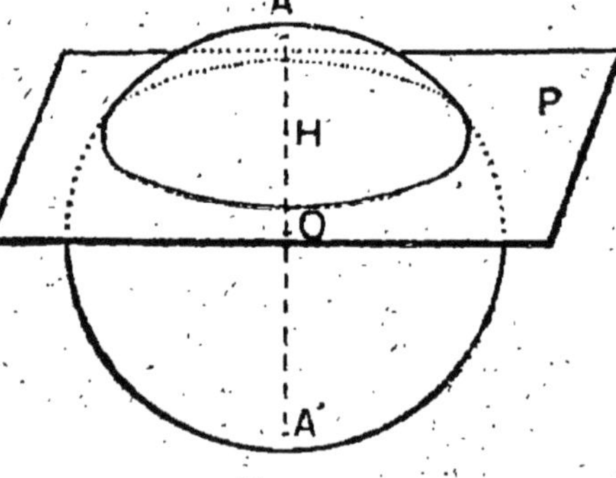

Fig. 466.

*On les appelle les **pôles** du cercle considéré.*

On sait que tout point de l'axe d'un cercle est équidistant de tous les points de ce cercle.

Donc chacun des pôles d'un cercle est équidistant de tous les points de ce cercle.

Cette propriété permet de tracer un cercle sur une sphère solide; on se sert d'un compas dont les pointes sont recourbées.

Si on place une de ces pointes en un point A d'une sphère et qu'on déplace l'autre sur la sphère, elle y trace un cercle de pôle A.

781. — Théorème. — *Par trois points quelconques pris sur une sphère il passe un cercle tracé sur la sphère.*

C'est le cercle de section de la sphère par le plan passant par ces trois points.

Ce cercle est *généralement* un *petit cercle*.

782. — Théorème. — *Par deux points de la sphère non situés sur un même diamètre il passe un grand cercle et un seul.*

C'est le grand cercle dont le plan passe par le *centre* et les *deux points* donnés.

783. — Tangente à une surface. — *Toute droite tangente à une courbe tracée sur une surface est dite **tangente** à cette surface.*

784. — Théorème. — *Une droite de X tangente à une sphère O en un point M est perpendiculaire au rayon OM.*

La droite de X est par hypothèse tangente en M à une courbe tracée sur la sphère (fig. 467).

Soit M′ un point de la courbe C voisin du point M. Lorsque M′ vient se confondre avec M en décrivant la courbe C, la corde MM′ vient se confondre avec MX.

Il s'agit de démontrer que l'angle $\widehat{OMM'}$ devient un angle droit.

Le triangle OMM′ est *isoscèle*. Si α est la *valeur commune des deux angles à la base*, on a

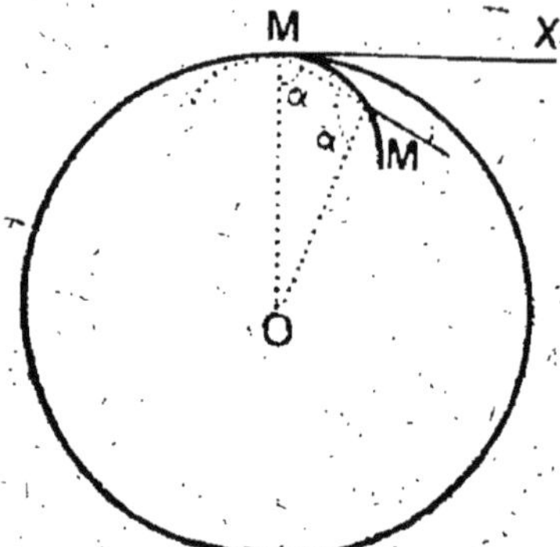

Fig. 467. — Tangente à une sphère.

$$\alpha + \alpha + \widehat{MOM'} = 2\,dr$$

ou

$$2\alpha + \widehat{MOM'} = 2\,dr$$

$$\alpha = 1\,dr - \frac{\widehat{MOM'}}{2}.$$

Si M′ vient se confondre avec M, l'angle $\dfrac{\widehat{MOM'}}{2}$ devient égal à zéro, et, par suite, l'angle α *devient égal à 1 droit.*

785. — **Corollaire**. — *La distance du centre à une tangente à la sphère est égale au rayon.*

786. — **Théorème**. — *Le plan tangent en un point M d'une sphère est perpendiculaire au rayon OM.*

En effet, les *tangentes* en M aux *différentes* courbes *tracées sur la sphère* et passant par ce point sont *perpendiculaires* au rayon OM (fig. 468).

Elles sont donc toutes situées dans le plan P perpendiculaire au point M au rayon OM.

D'après la définition du plan tangent (§ 740), le plan P est le *plan tangent* en M à la sphère.

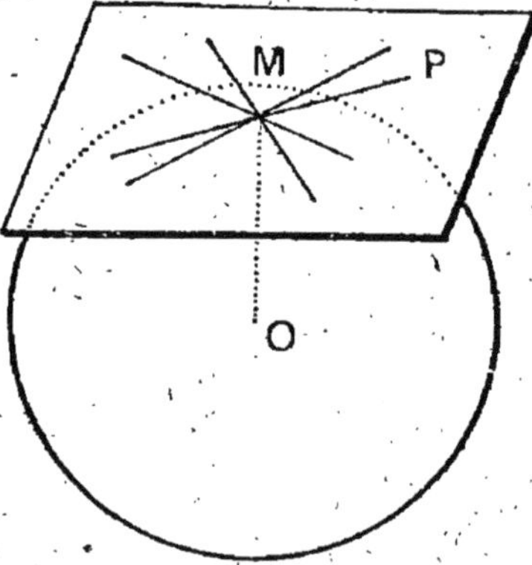

Fig. 468. — Plan tangent à une sphère.

787. — **Corollaire**. — *La distance du centre à un plan tangent est égale au rayon.*

et réciproquement :

Si la distance du centre à un plan est égale au rayon, ce plan est tangent à la sphère.

EXERCICES THÉORIQUES

§ 1 et 2.

925. A quelle condition les diagonales d'un parallélépipède sont-elles égales?

926. Indiquer les différentes formes que peut présenter la section d'un parallélépipède par un plan.

927. Démontrer qu'il n'existe pas de parallélépipède rectangle dont les diagonales forment un angle trièdre trirectangle.

928. Calculer la plus grande diagonale d'un rhomboèdre (parallélépipède oblique à bases losanges) connaissant la longueur a des arêtes et les trois angles aigus d'un angle trièdre égaux tous trois à 60°.

[*Évaluer la projection d'une arête sur le plan formé par les deux arêtes qui concourent avec la première.*]

929. Étant donné un cube ABCD A'B'C'D', on projette les points B, D et A', extrémités des arêtes AB, AD, AA', orthogonalement sur la diagonale AC' du cube; démontrer que les trois projections sont confondues en un même point, situé au tiers de la diagonale AC' à partir de A.

930. On projette orthogonalement les sommets et les arêtes d'un cube sur un plan perpendiculaire à une diagonale de ce cube, démontrer que la projection obtenue est formée d'un hexagone régulier et de ses diagonales centrales. Calculer les dimensions de cet hexagone connaissant l'arête a du cube.

[*Utiliser l'exercice précédent.*]

931. Trouver les lieux géométriques des sommets d'un cube dont on fixe deux sommets A et B, extrémités soit d'une diagonale de face, soit d'une diagonale du cube.

932. Construire un parallélépipède rectangle connaissant la position des centres de trois faces formant un trièdre du solide cherché.

933. Construire un parallélépipède dont trois arêtes non parallèles sont des segments donnés de trois droites quelconques données D, D', D''.

934. Construire un parallélépipède connaissant quatre sommets non situés dans un même plan. Indiquer le nombre de solutions; que faut-il supposer sur les données pour que, parmi les parallélépipèdes trouvés, il y en ait un qui soit ou droit ou rectangle?

935. Construire un cube connaissant deux droites orthogonales D et D' sur lesquelles se trouvent respectivement deux arêtes du cube cherché.

936. Trouver le lieu géométrique des points distants d'une droite donnée d'une longueur donnée.

937. Trouver le lieu des points équidistants d'un point A et d'un point quelconque du cercle de centre A et de rayon donné R.

938. Lieux géométriques des sommets et des arêtes d'un cube dont on donne les sommets A et B extrémités d'une arête.

939. Construire théoriquement une surface cylindrique de révolution connaissant deux plans tangents non parallèles et le rayon de ce cylindre.

940. Construire théoriquement une surface cylindrique de révolution connaissant un plan tangent, la génératrice de contact et le rayon de ce cylindre.

941. Construire théoriquement une surface cylindrique de révolution connaissant trois de ses génératrices.

942. Construire une surface cylindrique de révolution connaissant deux plans tangents non parallèles et un point de ce cylindre.

943. Trouver le lieu géométrique des axes des cylindres de révolution dont on connaît deux plans tangents parallèles.

944. Trouver le lieu géométrique des axes des cylindres de révolution dont on donne : 1° une génératrice et le rayon R du cylindre; 2° une génératrice et le plan tangent le long de cette génératrice; 3° une génératrice et un point; 4° deux génératrices.

§ 3 et 4.

945. Démontrer que dans un trièdre, une face quelconque est inférieure à la somme des deux autres, sans se servir du fait que la somme des angles du trièdre est inférieure à 4 droits.

946. En utilisant le fait que dans un trièdre une des faces est inférieure à la somme des deux autres, démontrer que la somme des faces est inférieure à 4 droits.

947. Couper un angle polyèdre à 4 faces par un plan passant par un point donné et tel que la section obtenue soit un parallélogramme.

Que faut-il supposer sur l'angle donné pour que la section puisse être un losange ou un rectangle?

948. Construire théoriquement un tétraèdre régulier SABC (pyramide triangulaire régulière dont les arêtes de base sont égales aux arêtes latérales) connaissant un sommet S, le pied H de la hauteur SH et un plan dans lequel se trouve le sommet A.

949. Étant données deux droites orthogonales, construire le tétraèdre régulier dont deux arêtes opposées sont portées par ces droites.

950. Étant donné un hexagone régulier de côté R, on le prend pour base d'une pyramide régulière. Quelle hauteur doit-on donner à la pyramide pour que les faces latérales soient des triangles équilatéraux?

951. Construire théoriquement une surface conique de révolution connaissant trois de ses génératrices, ox, oy, oz.

952. Construire théoriquement une surface conique de révolution connaissant trois de ses plans tangents.

953. Trouver le lieu géométrique des axes des surfaces coniques de révolution dont on donne le sommet S et deux points A et B.

954. Rechercher le lieu géométrique des droites passant par un point donné et situées à une distance donnée d'un point donné.

955. Comment se coupent deux surfaces coniques de révolution ayant même sommet?

[*Considérer les sections des cônes par une sphère ayant son centre au sommet commun.*]

§ 5.

956. Démontrer que toute corde d'une sphère est inférieure au diamètre de cette sphère.

957. Construire théoriquement une sphère passant soit par 4 points, soit par un point et un cercle, le point n'étant pas dans le plan du cercle.

958. Construire théoriquement une sphère connaissant un plan tangent et trois points.

959. Construire théoriquement une sphère connaissant deux plans tangents non parallèles, un point et le rayon de cette sphère.

960. Lieu des points situés à des distances données de deux points donnés.

961. Lieu des centres des sphères tangentes ou aux plans de faces ou aux arêtes d'un trièdre.

962. Quelle est la distance du pôle d'un grand cercle à un point de ce grand cercle tracé sur une sphère de rayon R?

963. Construire théoriquement une sphère tangente à deux droites données non parallèles en deux points donnés.

964. Construire théoriquement une sphère passant par un cercle donné et tangente à une droite donnée.

965. Lieu géométrique du centre d'une sphère tangente à deux droites concourantes ou parallèles.

966. Étant donné un triangle isocèle PAB (PA = PB) construire la sphère dont un grand cercle passant en A et B admet pour pôle le point P.

967. Construire théoriquement une sphère connaissant un petit cercle (C) de cette sphère et le point P où le plan tangent à la sphère en un point A du petit cercle coupe l'axe de ce cercle.

968. Mener un plan tangent à une sphère donnée par une droite donnée; Discuter la possibilité de la construction.

969. Démontrer qu'il existe deux points sur la ligne des centres de deux sphères par où on peut leur mener des plans tangents communs; en déduire une construction des plans tangents communs à deux sphères passant par un point donné.

970. Trouver le lieu géométrique des milieux des cordes de longueur donnée dans une sphère donnée.

971. Trouver le lieu géométrique des milieux des cordes d'une sphère passant par un point donné.

972. Trouver le lieu géométrique des cordes d'une sphère de longueur donnée passant par un point donné.

LIVRE VII

AIRES

§ 1. — Aire du prisme.

788. — **Théorème.** — *L'aire de la surface latérale d'un prisme* **droit** *est égale au produit du périmètre de base par la hauteur.*

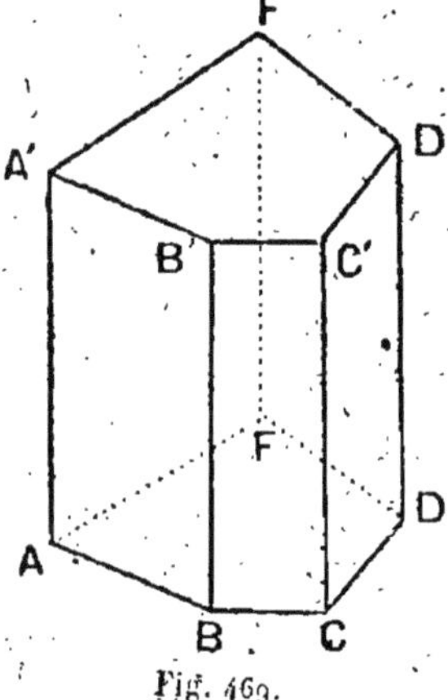

Fig. 469.

Soit un prisme *droit* ABCDF A'B'C'D'F' de hauteur h (fig. 469).

La surface *latérale* de ce prisme se compose de plusieurs *rectangles* qui ont tous pour hauteur h.

$$\text{Aire } AB\,A'B' = AB \times h,$$
$$\text{Aire } BC\,B'C' = BC \times h,$$
$$\text{Aire } CD\,C'D' = CD \times h,$$
$$\text{Aire } DF\,D'F' = DF \times h,$$
$$\text{Aire } FA\,F'A' = FA \times h.$$

Par addition on a

$$\text{Aire latérale du prisme} = (AB + BC + CD + DF + FA) \times h.$$

789. — **Théorème.** — *L'aire de la surface latérale d'un prisme* **oblique** *est égale au produit du périmètre de la section droite par la longueur des arêtes latérales.*

Soit le prisme *oblique* ABCD, dont les arêtes latérales ont pour longueur commune a (fig. 470).

La surface latérale de ce prisme se compose de plusieurs *parallélogrammes.*

Menons la section droite du prisme $\alpha\beta\gamma\delta$.

Le parallélogramme AB A'B' a pour base AA' $= a$ et pour *hauteur* $\alpha\beta$.

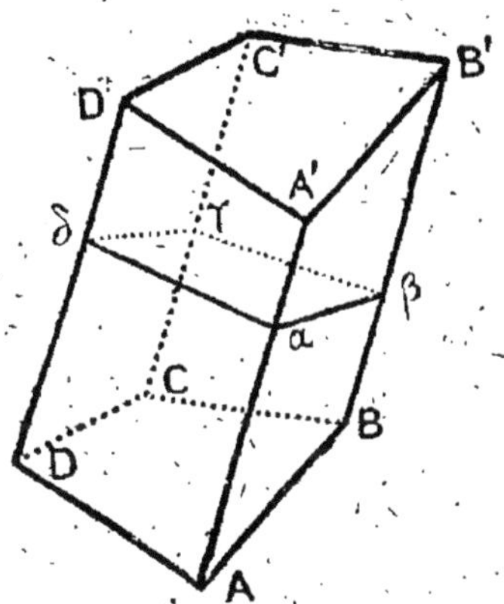

Fig. 470.

Aire AB A'B' $= a \times \alpha\beta$.

De même

Aire BC B'C' $= a \times \beta\gamma$,
Aire CD C'D' $= a \times \gamma\delta$,
Aire DA D'A' $= a \times \delta\alpha$,

Par addition on a :

Aire latérale prisme ABCD $= (\alpha\beta + \beta\gamma + \gamma\delta + \delta\alpha) \times a$.

AIRE DU CYLINDRE.

En assimilant un *cylindre* à un prisme dont les faces latérales sont très nombreuses et très étroites, on est amené à *admettre* les théorèmes suivants :

790. — **Théorème.** — *L'aire de la surface latérale d'un cylindre droit est égale au produit du périmètre de base par la hauteur.*

791. — **Théorème.** — *L'aire de la surface latérale d'un cylindre oblique est égale au produit du périmètre de la section droite par la longueur commune des génératrices.*

792. — **Remarque.** — Ayant évalué l'aire de la surface latérale d'un prisme ou d'un cylindre, on obtient l'aire de la *surface totale* en lui ajoutant les aires des deux bases.

793. — Application au cylindre de révolution.

Soit un cylindre *de révolution*, R le *rayon* de base et *h* sa *hauteur*.

Le périmètre de base est $2\pi R$.

La *surface latérale* est donc $2\pi R h$.

Chaque base a pour aire πR^2.

La *surface totale* est donc

$$2\pi R h + 2\pi R^2.$$

§ 2. — Aire de la pyramide régulière.

794. — L'aire latérale d'une pyramide n'a une expression simple que *dans le cas où elle est régulière.*

795. — Définition. — On dit qu'une pyramide est *régulière* lorsque sa base est un *polygone régulier convexe* et que son *sommet est situé sur la perpendiculaire élevée au plan de base par le centre de cette base* (fig. 471).

Les *faces latérales* d'une pyramide régulière sont des *triangles isocèles égaux.*

Leur *hauteur commune* s'appelle l'*apothème* de la pyramide régulière. Ainsi SH est l'apothème de la pyramide régulière de la figure 471.

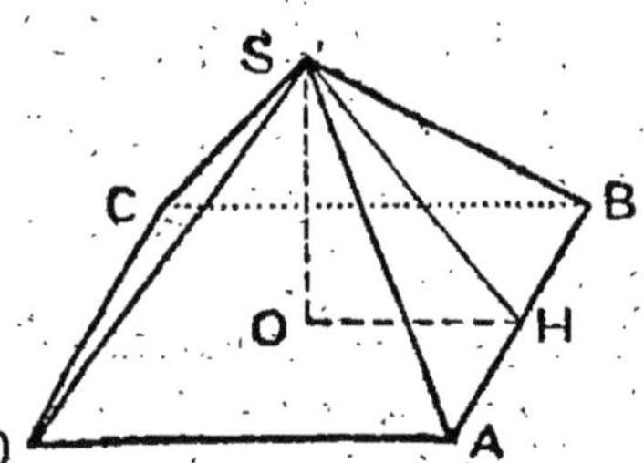

Fig. 471. — Pyramide régulière.

796. — Théorème. — *L'aire de la surface latérale d'une pyramide régulière est égale à la moitié du produit du périmètre de base par l'apothème.*

Soit la pyramide régulière S ABCDF (fig. 471). Les faces latérales ont pour hauteur commune l'*apothème* de la pyramide régulière que nous désignerons par α.

$$\text{Aire } SAB = \frac{1}{2} AB \times SH = \frac{1}{2} AB \times \alpha.$$

- De même

$$\text{Aire } SBC = \frac{1}{2} BC \times \alpha,$$

$$\text{Aire } SCD = \frac{1}{2} CD \times \alpha,$$

$$\text{Aire } SDF = \frac{1}{2} DF \times \alpha,$$

$$\text{Aire } SFA = \frac{1}{2} FA \times \alpha;$$

d'où par addition,

$$\text{Aire latérale pyr.} = \frac{1}{2}(AB + BC + CD + DF + FA) \times \alpha.$$

AIRE DU CÔNE DE RÉVOLUTION.

797. — Soit un *cône de révolution* de sommet S.

Circonscrivons au cercle de base un polygone *régulier* et considérons la pyramide régulière ayant pour sommet S et pour base le polygone régulier. Elle est dite *circonscrite* au cône (fig. 472). Son *apothème* SA est égale à la *génératrice du cône*.

Si le nombre des côtés du polygone de base est *très grand* cette pyramide est *pratiquement indiscernable* du cône, le périmètre de sa base est indiscernable de celui du cercle de base du cône.

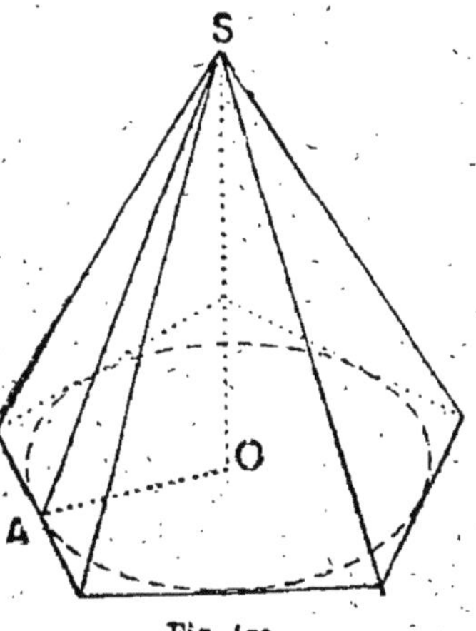

Fig. 472.

On est donc amené à *admettre* le théorème suivant :

798. — **Théorème.** — *L'aire de la surface latérale d'un*

cône de révolution est égale à la moitié du produit du péri-
mètre du cercle de base par la longueur commune des géné-
trices.

Soit R le rayon du cercle de base, c la longueur de la
génératrice SA.

La *surface latérale* du cône est

$$\frac{1}{2} \cdot 2\pi R.c$$

ou

$$\pi Rc$$

La *surface totale* du cône de révolution est

$$\pi Rc + \pi R^2.$$

AIRE DU TRONC DE PYRAMIDE RÉGULIER.

799. — Définition. — En coupant une pyramide *régulière* par un plan parallèle
au plan de base on obtient
un *tronc de pyramide* qui
est dit *régulier* (fig. 473).

Sa surface latérale se
compose de *trapèzes égaux.*

Leur hauteur commune
α s'appelle l'*apothème* du
tronc de pyramide régu-
lier.

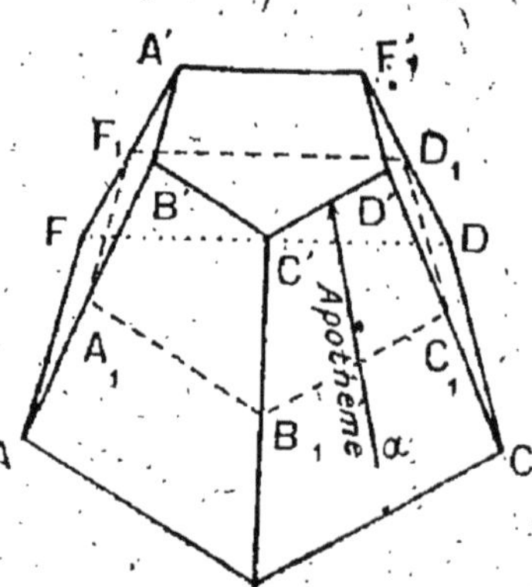

Fig. 473. — Tronc de pyramide régulier.

800. — Théorème. —
*L'aire de la surface latérale
d'un tronc de pyramide ré-
gulier est égale au produit du périmètre de la section moyenne
par l'apothème.*

Soit le tronc de pyramide régulier ABCDFA'B'C'D'F'
(fig. 473).

Menons la section *parallèle* aux bases et *équidistante* des
bases. Soit $A_1 B_1 C_1 D_1 F_1$ cette section.

L'aire du trapèze $ABA'B'$ est égale au produit de la droite A_1B_1 qui joint les milieux des côtés non parallèles par la hauteur α du trapèze.

$$\text{Aire } ABA'B' = A_1B_1 \times \alpha$$

De même

$$\text{Aire } BCB'C' = B_1C_1 \times \alpha,$$
$$\text{Aire } CDC'D' = C_1D_1 \times \alpha,$$
$$\text{Aire } DFD'F' = D_1F_1 \times \alpha,$$
$$\text{Aire } FAF'A' = F_1A_1 \times \alpha.$$

D'où par addition :

Aire latérale tronc de pyramide

$$= (A_1B_1 + B_1C_1 + C_1D_1 + D_1F_1 + F_1A_1) \times \alpha.$$

AIRE DU TRONC DE CÔNE DE RÉVOLUTION.

En procédant comme pour le cône de révolution, on est amené à admettre le théorème suivant :

801. — **Théorème.** — *L'aire de la surface latérale d'un tronc de cône de révolution est égale au produit du périmètre de la section moyenne par la longueur commune des génératrices.*

Considérons le tronc de cône de révolution engendré par la révolution autour de OO' du *trapèze* $OO'AA'$ *rec*tangle en O et O'.

Soit $OA = R$, $O'A' = R'$ les rayons de base; $AA' = c$ la longueur de la *génératrice*.

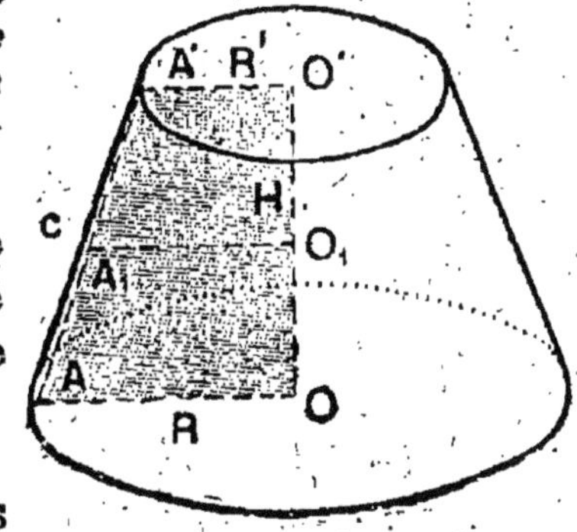

Fig. 474.
Tronc de cône de révolution.

La *section moyenne* est un cercle de rayon $O_1A_1 = \dfrac{R + R'}{2}$.

Le périmètre de la section moyenne est donc

$$2\pi\,\frac{R+R'}{2}$$

et la *surface latérale* est

$$\pi\,(R+R')\,c.$$

§ 3. — Aire de la sphère.

802. — Lemme. — Soit un *segment rectiligne* AB tangent en son milieu M à un *cercle* de centre O et de rayon R.

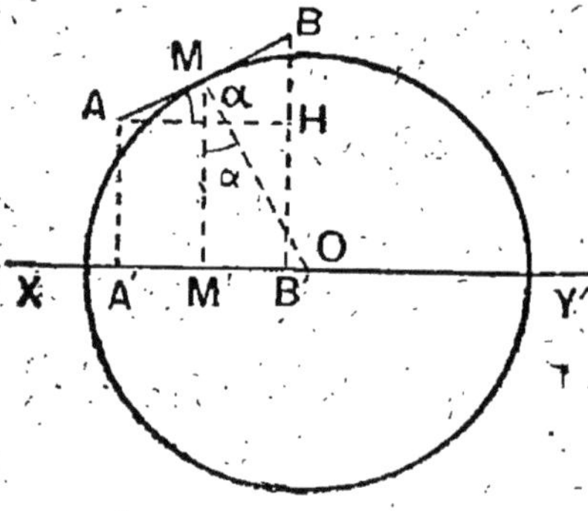

Fig. 475.

Supposons que cette figure tourne autour d'un diamètre XY ne *traversant pas le segment* AB.

Le segment AB engendre la *surface latérale* d'un *tronc de cône de révolution*.

Soit A'B' la projection du segment AB sur l'axe.

L'aire de la surface engendrée par AB est $2\pi R \times A'B'$.

En effet le rayon de la section moyenne du tronc de cône est MM'.

La surface considérée a donc pour aire

$$2\pi MM' \times AB.$$

Abaissons AH perpendiculaire sur BB'.

Les deux angles $\widehat{OMM'}$ et $\widehat{BAH}$ sont égaux comme ayant même complément $\widehat{AMM'}$: soit α leur valeur commune. Dans le triangle OMM' on a

$$MM' = OM \cos\alpha = R \cos\alpha.$$

Par suite

$$\text{Surface AB} = 2\pi R \times AB \cos\alpha.$$

Mais dans le triangle ABH on a

$$AB \cos\alpha = AH = A'B'.$$

Donc enfin

$$\text{Surface AB} = 2\pi R \times A'B'.$$

Cette formule subsiste si AB est parallèle à XY, car alors AB engendre la surface latérale d'un cylindre de révolution de rayon R et de hauteur A'B'.

803. — Aire de la sphère. — Considérons une sphère de centre O et de rayon R engendrée par la rotation du demi-cercle $\overset{\frown}{AMB}$ autour du diamètre AB.

Partageons ce demi-cercle en parties égales et menons des tangentes aux points de division, ainsi qu'aux points A et B. Nous formons une ligne brisée ACDFGHB dont les côtés, sauf le premier et le dernier, sont égaux et tangents au cercle en leur milieu.

En tournant autour de AB le premier et le dernier côté de cette brisée engendrent les surfaces de *deux cercles égaux;* les autres engendrent les surfaces latérales de différents *troncs de cônes de révolution.*

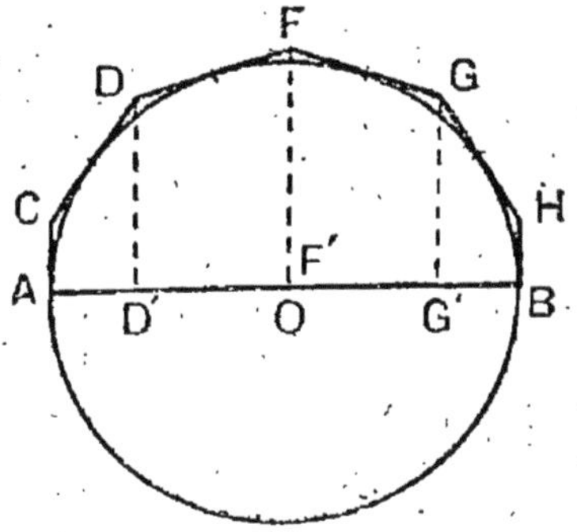

Fig. 476.

On a :

$$\text{Surface AC} = \pi \overline{AC}^2,$$
$$\text{Surface CD} = 2\pi R \times AD',$$
$$\text{Surface DF} = 2\pi R \times D'F',$$
$$\text{Surface FG} = 2\pi R \times F'G',$$
$$\text{Surface GH} = 2\pi R \times G'B,$$
$$\text{Surface HB} = \pi \overline{AC}^2$$

par addition

$$\text{Surface (ACDFGHB)}$$
$$= 2\pi\,\overline{AC}^2 + 2\pi\,R\,(AD' + D'F' + F'G' + G'B).$$

Or

$$AD' + D'F' + F'G' + G'B = 2\,R.$$

Donc

$$\text{Surface (ACDFGHB)} = 2\pi\,\overline{AC}^2 + 4\pi\,R^2.$$

Si le nombre des points de division du demi-cercle est *très grand*, la ligne brisée devient pratiquement *indiscernable* du demi-cercle, la *surface* qu'elle engendre devient indiscernable de la *sphère*. D'autre part le terme $2\pi\,\overline{AC}^2$ devient *négligeable*.

On est donc amené à énoncer le théorème suivant :

804. — **Théorème.** — *L'aire de la surface d'une sphère de rayon R est égale à $4\pi\,R^2$.*

805. — **Corollaire.** — *L'aire de la surface d'une sphère est égale à quatre fois l'aire d'un grand cercle.*

EXERCICES THÉORIQUES

§ 1, 2, 3.

973. Calculer l'arête d'un cube sachant que si on augmentait cette arête de 1 centimètre la surface latérale augmenterait de $1^{dm^2},98$.

974. Calculer les dimensions d'un parallélépipède rectangle dont une diagonale est égale à 4 mètres, la surface latérale à 20 mètres carrés, sachant de plus que la somme des deux plus petites arêtes est égale à la plus grande.

975. Une pyramide régulière a pour base un hexagone régulier de côté R. Calculer la hauteur et l'apothème connaissant la surface totale qui est égale à $6R^2$.

976. Étant donnée une pyramide régulière ayant pour base un polygone de périmètre $2p$ et pour sommet un point S situé à une distance h du plan de base, à quelle distance de S faut-il mener un plan parallèle à la base pour diviser la pyramide en une nouvelle pyramide et un tronc de pyramide dont les aires latérales soient équivalentes?

977. On donne le rayon r de la sphère tangente aux quatre plans de face d'un tétraèdre régulier, calculer l'aire totale de ce tétraèdre.

978. Calculer le rayon d'une sphère sachant que son aire est τ mètre carré.

979. La différence des surfaces de deux sphères est égale à la surface d'une sphère de rayon a, la différence des rayons est égale à la longueur b : calculer les rayons des deux sphères.

980. On considère un cylindre de révolution de hauteur R et de rayon de base R et la demi-sphère de même base; montrer que la surface latérale du cylindre est égale à la surface de la demi-sphère.

981. Quel est le rayon d'une sphère dont la surface est égale à la surface latérale d'un cône ayant un rayon et une hauteur égales à un nombre donné R.

982. Étant donné dans un plan un segment AB et sa projection A′B′ sur un axe XY, on mène l'axe du segment OM qui coupe ce segment en M et l'axe XY en O; calculer, connaissant la longueur $A'B' = a$ et la longueur $OM = b$, la surface latérale du tronc de cône engendré par la rotation de AB autour de XY.

983. Trouver la surface engendrée par le périmètre d'un carré tournant d'un tour complet autour d'une de ses diagonales.

984. On donne dans un plan un carré ABCD et on mène par A la perpendiculaire XAY à la diagonale AC, évaluer la surface engendrée par le périmètre du carré tournant d'une révolution complète autour de XAY. On connaît le côté $AB = a$ du carré.

985. On considère un carré ABCD et on joint le sommet A au milieu M du côté BC; calculer, connaissant le côté a du carré, la surface engendrée par le contour polygonal ADCM tournant d'une révolution complète autour de AM.

986. On donne dans un rectangle la longueur l des diagonales et leur angle α : calculer la surface engendrée dans une rotation complète autour d'une diagonale, par le demi-périmètre du rectangle situé d'un même côté de la diagonale, axe de rotation.

LIVRE VIII

VOLUMES

CHAPITRE I
VOLUME DU PRISME

§ 1. Prisme droit.

806. — Volume d'un corps. — La *mesure de l'étendue* occupée par un corps est un *nombre* qu'on appelle le *volume* de ce corps.

807. — Choix de l'unité de volume. — *On convient de prendre pour* **unité de volume**, *le volume d'un* **cube dont le côté est égal à l'unité de longueur.**

L'unité de longueur étant le *mètre*, l'unité de volume s'appelle le *mètre cube*, de même que l'*unité de surface* est le *mètre carré*.

Pour *mesurer* l'étendue occupée par un corps on cherche combien il renferme de mètres cubes, de décimètres cubes, de centimètres cubes.

Le nombre ainsi obtenu est le volume du corps.

VOLUME DU PRISME DROIT A BASE RECTANGULAIRE
(PARALLÉLÉPIPÈDE RECTANGLE).

808. — Théorème. — *Le volume d'un parallélépipède rectangle est égal au produit des longueurs de ses trois arêtes.*

Soit le parallélépipède *rectangle* dont les trois arêtes OA, OB, OC ont pour longueur :

$$a, b, c.$$

Nous allons démontrer que son volume V est égal à :

$$a \times b \times c.$$

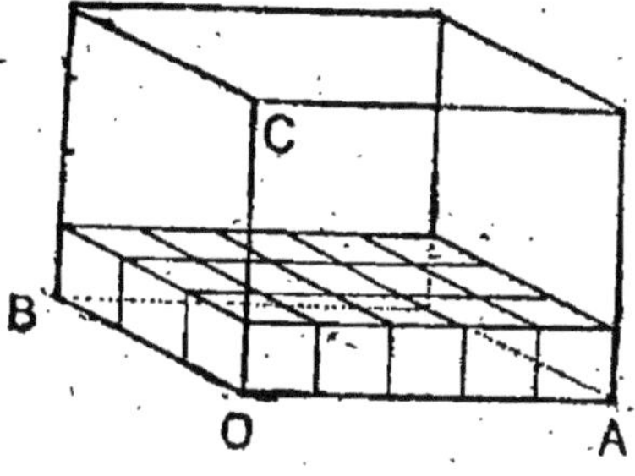

Fig. 477.

Ier CAS. — Supposons que *a*, *b* et *c* soient des *nombres entiers*. Pour fixer les idées supposons que :

$$a = 5 \text{ mètres}, \quad b = 3 \text{ mètres}, \quad c = 4 \text{ mètres} \quad \text{(fig. 477)}.$$

Il s'agit de faire voir que :

$$V = 5 \times 3 \times 4.$$

Divisons OA, OB, OC respectivement en 5, en 3 et en 4 parties égales : chacune de ces parties *est égale à* 1 *mètre*.

Par les points de division de OA et de OB, menons des parallèles à OB et à OA. Nous partagerons ainsi la base en 5×3 carrés. Chacun d'eux est un *mètre carré*.

Sur chacun de ces mètres carrés posons un mètre cube. Nous formons ainsi une assise contenant 5×3 mètres cubes.

Comme le parallélépipède a 4 mètres de hauteur, on pourra le remplir exactement avec 4 assises identiques superposées.

Le parallélépipède contient donc $5 \times 3 \times 4$ fois l'unité de volume.

La *mesure de son volume* est donc :

$$5 \times 3 \times 4.$$

2e CAS. — *a*, *b* et *c* sont des *fractions*.

On peut les supposer réduites au même dénominateur.
Soit par exemple :

$$OA = \frac{5}{6}, \quad OB = \frac{3}{6}, \quad OC = \frac{4}{6} \quad \text{(fig. 478)}.$$

Figurons le mètre cube.

Partageons ses trois arêtes $\omega\alpha$, $\omega\beta$, $\omega\gamma$ en 6 parties égales.

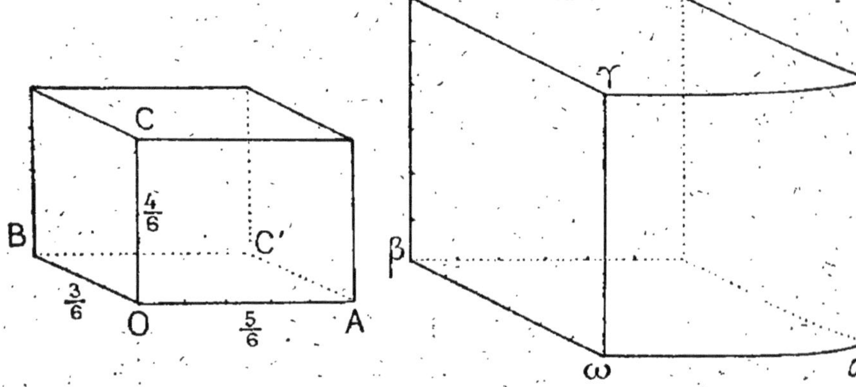

Fig. 478.

Partageons de même OA, OB et OC respectivement en
5, 3 et 4 parties égales.

Toutes ces parties sont *égales entre elles*.

De ce qui précède, il résulte que l'on pourra décomposer le mètre cube en $6 \times 6 \times 6$ cubes plus petits, et le
parallélépipède en $5 \times 3 \times 4$ cubes égaux aux précédents.

Le *parallélépipède* contient donc $5 \times 3 \times 4$ fois le cube
obtenu en *partageant l'unité de volume* en $6 \times 6 \times 6$ parties
égales.

La mesure de son volume sera donc :

$$\frac{5 \times 3 \times 4}{6 \times 6 \times 6}$$

ou :

$$\frac{5}{6} \times \frac{3}{6} \times \frac{4}{6}$$

ou enfin :

$$a \times b \times c.$$

809. — **Théorème.** — *Le volume d'un parallélépipède rectangle est égal au produit de l'aire de sa base par sa hauteur.*

Car la formule $V = a \times b \times c$ peut s'écrire :

$$V = (a \times b) \times c.$$

Si on prend la face OABC′ comme base :

$a \times b$ est l'aire de cette base, et c est la hauteur.

VOLUME DU PRISME DROIT A BASE TRIANGULAIRE.

810. — **Théorème.** — *Le volume d'un prisme droit à base triangulaire est égal au produit de l'aire de la base par la hauteur.*

Soit un prisme *triangulaire droit* ABC A′B′C′, dont la base ABC a pour aire B et dont la *hauteur* est AA′ = H (fig. 479).

Soit M et N les *milieux* des côtés AB et AC. Abaissons les perpendiculaires AH, BP et CQ sur MN.

Considérons le *parallélépipède rectangle* BCQP B′C′Q′P′ qui a pour *base* BPCQ et pour *hauteur* H. Comme on l'a vu en géométrie plane, l'aire de la base BCPQ est égale à l'aire B du triangle ABC.

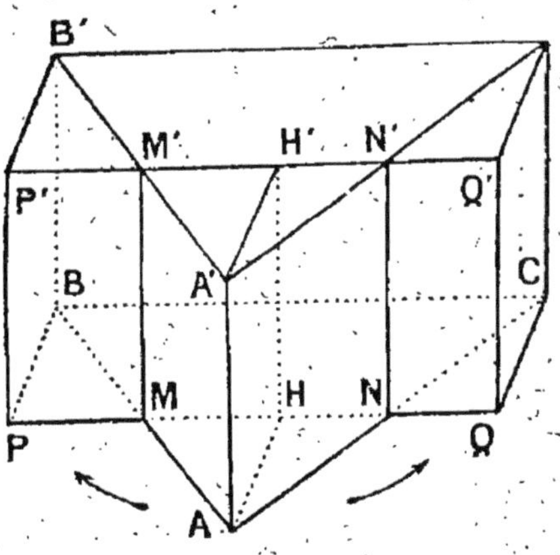

Fig. 479.
Volume du prisme triangulaire droit.

Le volume de ce parallélépipède est donc :

$$B \times H.$$

Le théorème sera démontré si on fait voir que le volume du *prisme triangulaire* est *égal* au volume de ce *parallélépipède*.

Les deux triangles AMH et BPM sont *égaux*.

Si donc on détache du prisme triangulaire le prisme AMH·A′M′H′ et qu'on le fasse tourner de 180° autour de MM′, il *vient occuper la position* BPM·B′P′M′.

De même si on détache le prisme triangulaire ANH·A′N′H′ et qu'on le fasse tourner de 180° autour de NN′, il *vient occuper la position* CQN·C′Q′N′.

Ainsi en *assemblant autrement* les parties du prisme *triangulaire* on a formé le *parallélépipède*. Ces deux solides ont donc le *même volume*.

VOLUME DU PRISME DROIT A BASE QUELCONQUE.

811. — Théorème. — *Le volume d'un prisme droit est égal au produit de l'aire de la base par la hauteur.*

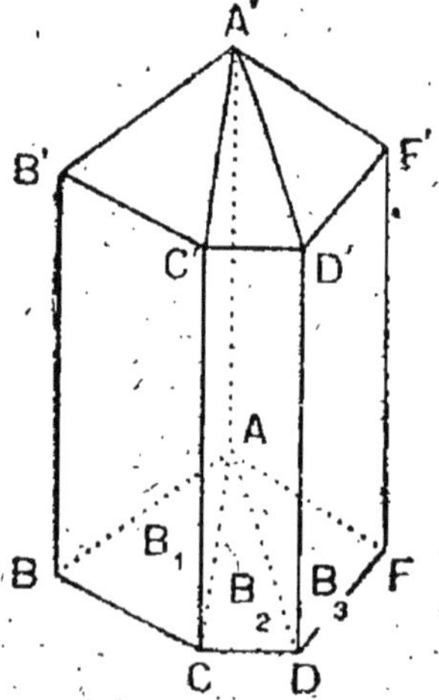

Fig. 480.
Volume du prisme droit.

Soit un prisme droit ABCDF, A′B′C′D′F′ (fig. 480) dont la base ABCDF a pour aire B et dont la hauteur est AA′ = H.

En menant des plans par l'arête AA′, nous pouvons le *décomposer* en prismes *triangulaires droits* dont les bases ont respectivement pour aire B_1, B_2 et B_3.

D'après le théorème précédent on a :

$$\text{Vol} (ABC\,A′B′C′) = B_1 \times H,$$
$$\text{Vol} (ACD\,A′C′D′) = B_2 \times H,$$
$$\text{Vol} (ADF\,A′D′F′) = B_3 \times H,$$

et par addition :

$$\text{Volume prisme} (ABCDF\,A′B′C′D′F′) = (B_1 + B_2 + B_3) \times H$$
$$= B \times H.$$

VOLUME DU CYLINDRE DROIT.

812. — En assimilant un *cylindre droit* à un *prisme droit*, on est amené à admettre le théorème suivant :

Théorème. — *Le volume d'un cylindre droit est égal au produit de l'aire de la base par la hauteur.*

813. — **Volume du cylindre de révolution.** — Soit R le rayon de base, H la hauteur du cylindre.

L'aire de la base est πR^2.

Le *volume* est donc :

$$V = \pi R^2 H.$$

§ 2. — Volume du prisme oblique.

814. — **Théorème.** — *Un prisme oblique a le même volume qu'un prisme droit ayant pour base la section droite du prisme oblique, et pour arête latérale celle du prisme oblique.*

Soit le prisme *oblique* ABCD A'B'C'D' (fig. 481).

Menons une *section droite* $\alpha\beta\gamma\delta$ de la surface prismatique. Nous la choisissons de façon que son plan *ne traverse pas le prisme*.

Sur l'arête AA' prenons le segment $\alpha\alpha'$ égal à AA' et de même sens que lui, et par le point α' menons la section droite $\alpha'\beta'\gamma'\delta'$.

Considérons les deux polyèdres :

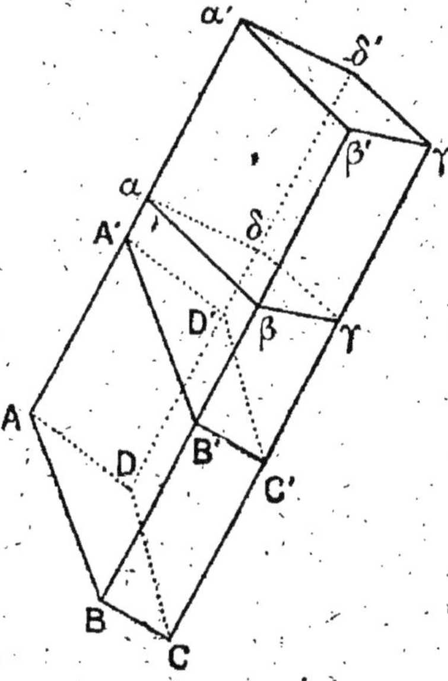

Fig. 481.

$$ABCD\,\alpha\beta\gamma\delta \text{ et } A'B'C'D'\,\alpha'\beta'\gamma'\delta'.$$

Ils sont *égaux*, car la *translation qui amène le point* A *au point* A' *les superpose.*

Si on *enlève* le polyèdre *commun* A'B'C'D'αβγδ, les polyèdres restants *ne sont pas égaux*, mais leurs *volumes* le sont.

Or les polyèdres obtenus sont le prisme oblique donné et le prisme droit αβγδα'β'γ'δ'.

Le théorème est donc démontré.

PREMIÈRE EXPRESSION DU VOLUME D'UN PRISME OBLIQUE.

815. — Théorème. — *Le volume d'un prisme oblique est égal au produit de l'aire de la section droite par la longueur de l'arête latérale.*

En effet, le prisme oblique ABCD A'B'C'D' a même volume qué le prisme droit αβγδα'β'γ'δ' (fig. 481).

Or ce dernier a pour volume le produit de l'aire de sa base, c'est-à-dire de la section droite, par sa hauteur αα', qui est égale à l'arête du premier prisme.

816. — Volume du cylindre oblique. — En assimilant un *cylindre oblique* à un *prisme oblique*, on est amené à admettre le théorème suivant :

Théorème. — *Le volume d'un cylindre oblique est égal au produit de l'aire de la section droite par la longueur des génératrices.*

DEUXIÈME EXPRESSION DU VOLUME D'UN PRISME OBLIQUE.

817. — Théorème. — *Le volume d'un prisme oblique est égal au produit de l'aire de la base par la hauteur.*

Ce théorème peut être rendu *intuitif* de la manière suivante : Considérons un empilement de feuilles de carton *très minces* et toutes égales entre elles.

Ce sera, par exemple, un paquet de cartes de visite.

On peut donner au paquet la forme d'un **prisme droit**, son volume sera égal à sa base B multipliée par sa hauteur H.

Mais on peut aussi donner au paquet la forme d'un *prisme oblique*. Son volume n'a pas changé (c'est le volume des feuilles de carton), sa base est B, la hauteur est encore H (c'est la somme des épaisseurs des feuilles de carton).

Le volume du prisme oblique obtenu est donc B × H. Nous allons maintenant *démontrer* le théorème.

LEMME.— *L'angle aigu de deux plans qui se coupent est égal à l'angle aigu que forment deux perpendiculaires à ces deux plans.*

Soient deux plans P et Q qui se *coupent* suivant la droite XY. Ils forment un *dièdre aigu* dont le *rectiligne* est l'angle aigu $\widehat{AOB}$.

Par le point O menons la *perpendiculaire* OC au plan P et la *perpendiculaire* OD au plan Q.

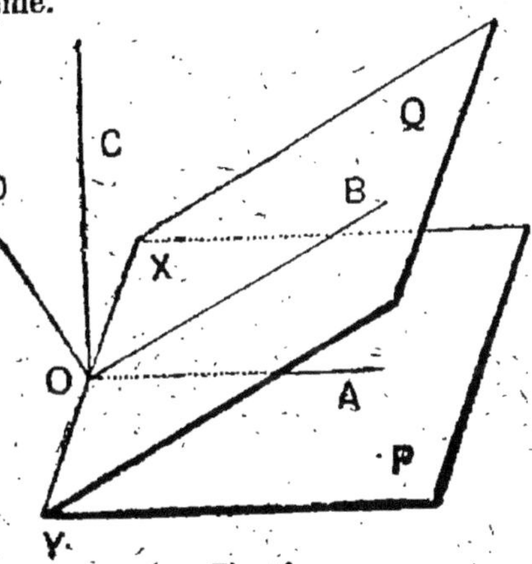
Fig. 482.

Elles forment un angle aigu $\widehat{COD}$. Il s'agit de montrer que les deux angles $\widehat{AOB}$ et $\widehat{COD}$ sont *égaux*.

En effet, ces angles sont dans un même plan perpendiculaire au point O à la droite XY; ils ont le *même* complément $\widehat{BOC}$ et sont par suite égaux.

Cela posé, considérons un *prisme oblique* ABCD A'B'C'D dont la base ABCD a pour aire B et dont la *hauteur* AK' = H.

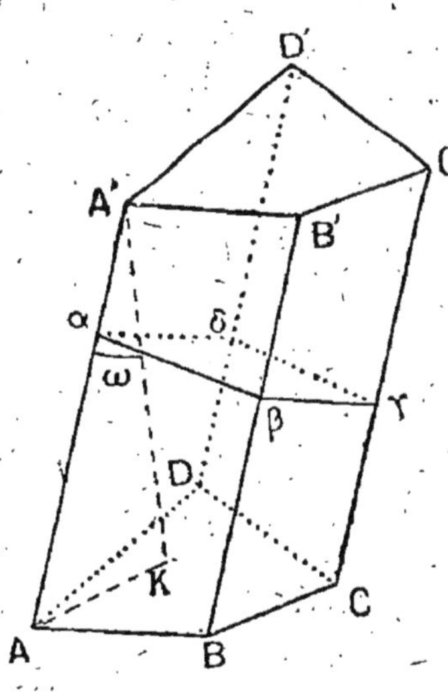
Fig. 483.

Menons la *section droite* $\alpha\beta\gamma\delta$.

Le *volume du prisme est*

$$V = \text{aire } \alpha\beta\gamma\delta \times AA'. \qquad (1)$$

Soit ω l'angle $\widehat{AA'K}$.

On a dans le *triangle rectangle* $AA'K$

$$H = AA' \cos \omega$$

et par suite

$$AA' = \frac{H}{\cos \omega}. \qquad (2)$$

La surface $\alpha\beta\gamma\delta$ est la *projection orthogonale* du polygone de base ABCD sur le plan de la section droite.

L'aire $\alpha\beta\gamma\delta$ est donc égale à B multipliée par le *cosinus de l'angle des plans des deux polygones* (§ 333).

Mais l'angle aigu de ces deux plans est le même que l'angle aigu des deux perpendiculaires $A'K$ et $A'A$ à ces deux plans. Il est donc égal à ω.

Par suite

$$\text{aire } \alpha\beta\gamma\delta = B \times \cos \omega \qquad (3)$$

En tenant compte des égalités (2 et 3), l'égalité (1) devient :

$$V = (B \times \cos \omega) \times \frac{H}{\cos \omega}$$

ou

$$V = B.H.$$

818. — Remarque. — Nous avons *deux expressions du* volume d'un prisme quelconque, qui se *réduisent l'une à l'autre* lorsque le prisme est *droit*.

819. — **Volume du cylindre oblique.** — En assimilant un cylindre oblique à un prisme oblique, on est amené à admettre le théorème suivant:

Théorème. — *Le volume d'un cylindre oblique est égal au produit de l'aire de la base par la hauteur.*

CHAPITRE II

VOLUME DE LA PYRAMIDE

§ 1. — Volume de la pyramide.

Pyramide triangulaire.

820. — Théorème. — *Deux pyramides triangulaires dont la hauteur et les bases sont égales ont des volumes égaux.*

Ce théorème peut être rendu *intuitif* de la manière suivante :
Considérons un empilement de feuilles de carton *très minces*, dans lequel on aura taillé au ciseau une *pyramide triangulaire*. Cette

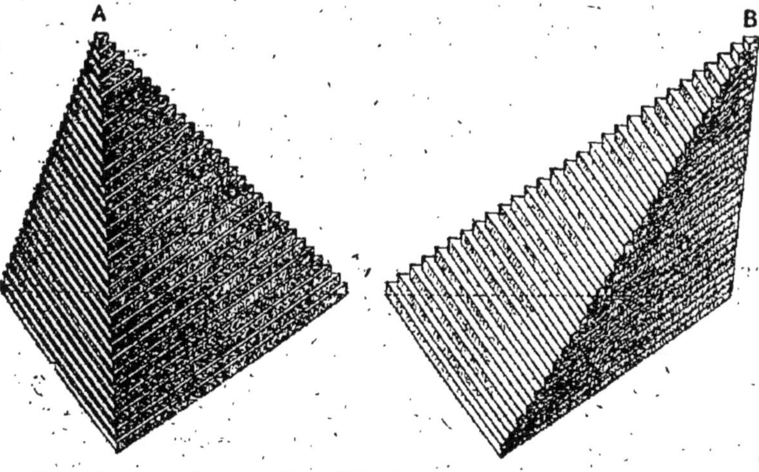

Fig. 484.

pyramide triangulaire est formée de feuilles triangulaires superposées qui vont en diminuant régulièrement depuis la base jusqu'au sommet.

On peut faire glisser les feuilles de carton les unes sur les autres, de manière à former une autre pyramide. Elle aura la *même base*, la *même hauteur* (somme des épaisseurs des feuilles de carton), le *même volume* que la première (somme du volume des feuilles de carton).

Ce théorème comporte le cas particulier suivant, qui seul sera utilisé dans la suite et dont nous indiquerons une démonstration plus précise.

821. — Théorème. — *Soit une pyramide SABCD dont la base ABCD est un parallélogramme (fig. 485). Le plan SAC la partage en deux pyramides triangulaires SACB et SACD qui ont des volumes égaux.*

Soit O le centre du parallélogramme de base. Si on coupe la pyramide par un *plan parallèle* au plan de base, la section A'B'C'D' est un *parallélogramme* que la diagonale A'C' partage en deux triangles *égaux*. Le point de concours O' des diagonales se trouve sur la droite SO.

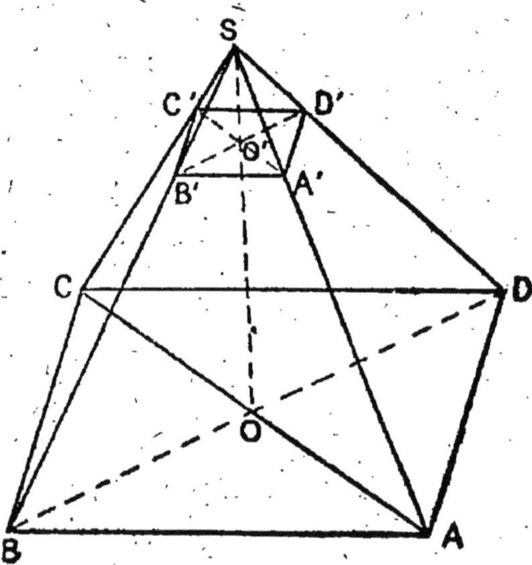

Fig. 485.

Cela posé, partageons SO en parties égales, par exemple en quatre parties égales (fig. 486).

Par les points de division O_1, O_2, O_3, menons des plans parallèles au plan ABCD.

Considérons un prisme dont la base supérieure est la

section $A_1B_1C_1D_1$ et dont les arêtes latérales sont égales et parallèles à O_1O_2.

Le plan SAC partage ce prisme en deux prismes triangulaires $A_1C_1B_1$ $A'_1C'_1B'_1$ et $A_1C_1D_1$ $A_1'C_1'D_1'$, qui ont des *volumes égaux* car ils ont des bases *égales* et des *hauteurs* *égales*.

Le premier est dit *inscrit* dans la pyramide SACB, le second est dit inscrit dans la pyramide SACD.

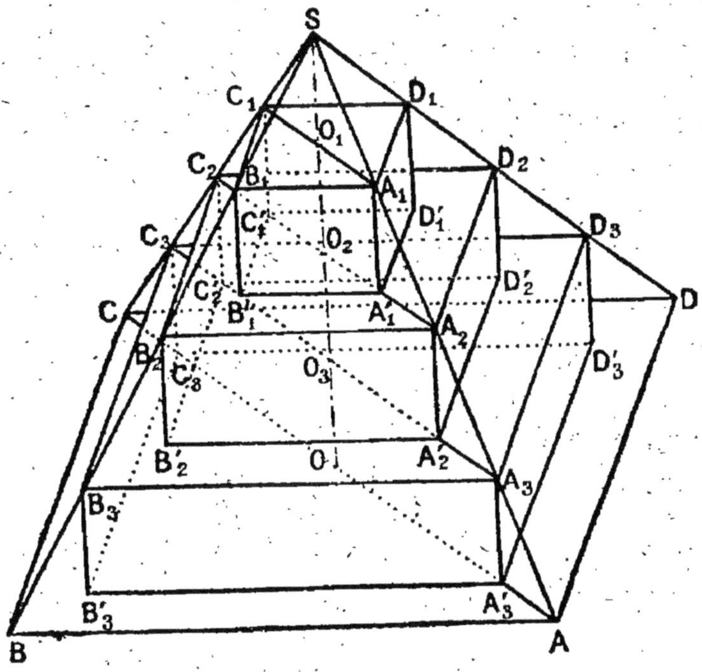

Fig. 486.

Considérons un deuxième prisme dont la base supérieure est le parallélogramme $A_2B_2C_2D_2$ et dont les arêtes latérales sont égales et parallèles à O_2O_3.

Le plan SAC le partage en deux prismes triangulaires. dont les volumes sont *égaux*; l'un est inscrit dans la pyramide SACB, l'autre est inscrit dans la pyramide SACD.

Considérons un dernier prisme dont la base supérieure est $A_5B_5C_5D_5$ et dont les arêtes latérales sont égales et parallèles à O_5O. Le plan SAC le partage en deux prismes triangulaires respectivement inscrits dans la pyramide SACB et dans la pyramide SACD et dont les volumes sont *égaux*.

Les prismes inscrits dans la pyramide SACB forment un polyèdre P, les prismes inscrits dans la pyramide SACD forment un polyèdre Q tels que

$$\text{Vol. P} = \text{Vol. Q?}$$

Si le nombre de divisions de SO *augmente indéfiniment*, le polyèdre P devient *pratiquement indiscernable* de la pyramide SACB, le polyèdre Q devient pratiquement indiscernable de la pyramide SACD.

Comme P et Q ont *toujours* des volumes *égaux*, on est amené à dire que

$$\text{Vol. pyramide SACB} = \text{Vol. pyramide SACD.}$$

822. Théorème.. — *Le volume d'une pyramide triangulaire est égal au tiers du produit de l'aire de la base par la hauteur.*

Soit une *pyramide triangulaire* SABC (fig. 487) dont la base a pour aire B et dont la hauteur SP a pour longueur H.

Nous allons *démontrer* que son volume est égal à $\frac{1}{3}B \times H$.

Construisons le *prisme* triangulaire de base ABC et d'arête latérale AS. Soit ABCSDF ce prisme.

Son volume est $B \times H$.

Pour démontrer le théorème, il *suffit* donc de faire voir

que ce prisme est la somme de trois pyramides ayant chacune le *même volume* que la pyramide donnée.

Le plan SBC détache du prisme la pyramide SABC qui est la pyramide donnée.

Il reste la pyramide SBCFD. Le plan SDC la partage en deux pyramides triangulaires SDCB et SDCF.

Le prisme est donc la somme des trois tétraèdres

SABC, SDCB et SDCF.

Chaque tétraèdre a une face commune avec le suivant.

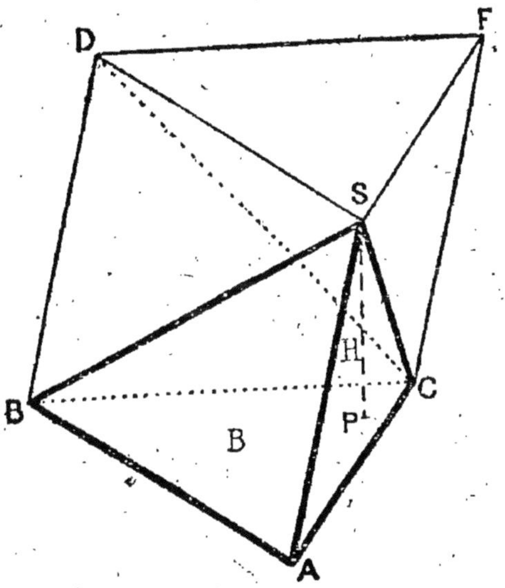

Fig. 487.

Volume de la pyramide triangulaire.

Considérons les deux premiers tétraèdres. Par leur juxtaposition ils forment une pyramide ayant pour sommet C et pour base le *parallélogramme* ABDS. Leurs volumes sont donc *égaux* (§ 821).

Considérons les deux derniers tétraèdres. Par leur juxtaposition ils forment une pyramide ayant pour sommet S et pour base le *parallélogramme* BCFD. Ils ont donc des volumes *égaux* (§ 821).

Les trois tétraèdres ont donc des volumes *égaux*, et comme le premier est la *pyramide donnée*, le théorème est démontré.

PYRAMIDE QUELCONQUE.

822. — **Théorème.** — *Le volume d'une pyramide quelconque est égal au tiers du produit de l'aire de la base par la hauteur.*

Soit la pyramide SABCDF, dont la base ABCDF a pour aire B et dont la *hauteur* SS′ est égale à H.

Nous allons montrer que le volume de la pyramide est

$$\frac{1}{3}B \times H.$$

Découpons la pyramide donnée en pyramides *triangulaires* en menant des plans par l'arête SA.

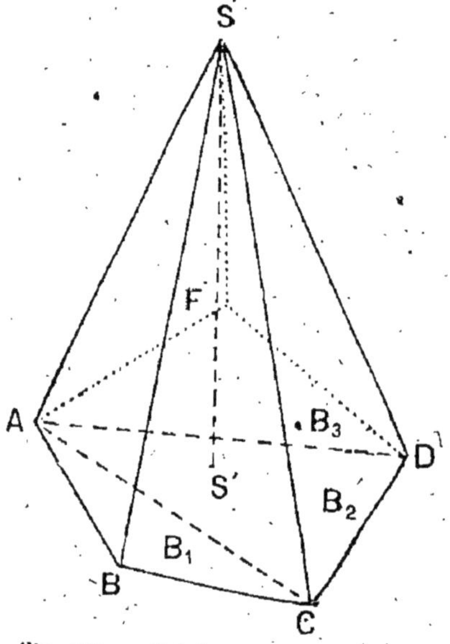

Soient B_1, B_2, B_3 les *aires* des bases de ces pyramides.

Leur *hauteur* commune est H.

On a

$$\text{Vol. pyr. } SABC = \frac{1}{3}B_1.H,$$

$$\text{Vol. pyr. } SACD = \frac{1}{3}B_2.H,$$

$$\text{Vol. pyr. } SADF = \frac{1}{3}B_3.H.$$

Fig. 488 — Volume de la pyramide.

D'où, par addition,

$$\text{volume pyramide } SABCDF = \frac{1}{3}(B_1 + B_2 + B_3) \times H$$

$$= \frac{1}{3}B.H.$$

Corollaire. — *Deux pyramides dont les bases ont des aires égales et dont les hauteurs sont égales ont des volumes égaux.*

Si B est l'aire commune des deux bases et H la hauteur des deux pyramides, leurs volumes sont tous les deux égaux à

$$\frac{B.H}{3}$$

En particulier. — Le volume d'une pyramide ne change pas lorsque sa base restant fixe son sommet se déplace dans un plan parallèle au plan de base.

CÔNE.

823. — **Volume d'un cône.** — En assimilant un *cône* à une *pyramide* dont le nombre de faces latérales est *très grand* on est amené à *admettre* le théorème suivant :

824. — **Théorème.** — *Le volume d'un cône est égal au tiers du produit de l'aire de la base par la hauteur.*

825. — EXEMPLE. — **Volume du cône oblique à base circulaire.**

Soit R le **rayon** de base. *h* la *hauteur.*
L'*aire* de base est πR^2. Le *volume* est donc

$$V = \frac{1}{3}\pi R^2 h.$$

Cette formule s'applique en particulier au *cône de révolution.*

§ 2. — Volume d'un polyèdre quelconque.

826. — Pour évaluer le volume d'un polyèdre quelconque, on le décompose en *pyramides* dont on évalue le volume *séparément.* On additionne ensuite les volumes obtenus.

Appliquons cette méthode à un polyèdre circonscrit à une sphère.

827. — **Théorème.** — *Le volume d'un polyèdre convexe* *circonscrit à une sphère est égal au tiers du produit de la surface du polyèdre par le rayon de la sphère.*

Soit par exemple un *tétraèdre* circonscrit à une sphère de centre O et de rayon R.

Soit A', B', C', D' les points de contact.

Le tétraèdre considéré est la *somme* de *quatre pyramides* de sommet O et ayant pour bases les faces du

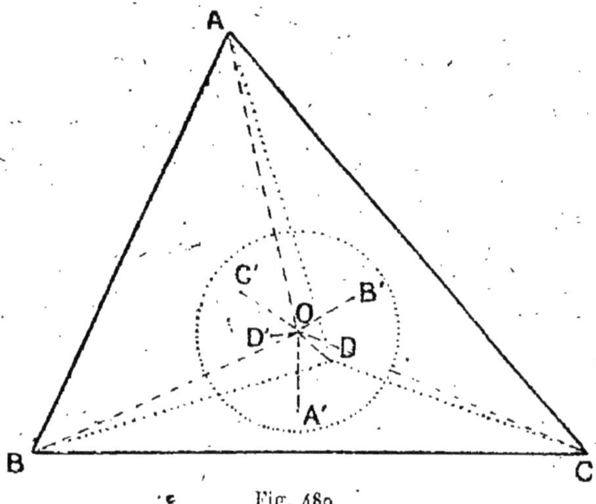

Fig. 489.

tétraèdre. Leurs hauteurs OA', OB', OC', OD' *sont toutes égales au rayon* R de la sphère.

Donc

$$\text{Volume OABC} = \frac{1}{3} \text{ surface ABC} \times \text{R,}$$

$$\text{Volume OACD} = \frac{1}{3} \text{ surface ACD} \times \text{R,}$$

$$\text{Volume OABD} = \frac{1}{3} \text{ surface ABD} \times \text{R,}$$

$$\text{Volume OBCD} = \frac{1}{3} \text{ surface BCD} \times \text{R.}$$

D'où, par *addition,*

$$\text{Volume ABCD} = \frac{1}{3} \text{ surface ABCD} \times \text{R.}$$

§ 3. — Volume de la sphère.

828. — Soit une sphère de centre O et de rayon R.

Menons un diamètre AB. Par ce diamètre faisons passer une série de *plans méridiens* faisant des angles *égaux* et menons une série de *parallèles* dont les plans *équidistants* sont *perpendiculaires* à AB. Nous avons ainsi tracé sur la sphère une série de *méridiens* et de *parallèles*.

Menons les *plans tangents* à la *sphère aux points d'inter-section de ces différentes courbes.*

Nous formons ainsi un polyèdre *convexe circonscrit à la sphère.*

Le volume de ce polyèdre convexe est égal *au tiers du produit de sa surface* par le *rayon de la sphère.*

Or si le réseau de méridiens et de parallèles est suffisamment serré, la surface de ce polyèdre est *indiscernable* de celle de la *sphère*, et il en est de même de son *volume* et de celui de la *sphère.*

On est donc amené à *admettre* le théorème suivant :

829. — **Théorème.** — *Le volume d'une sphère est égal au tiers du produit de la surface de la sphère par son rayon.*

La *surface* de la sphère est

$$S = 4\pi R^2.$$

Son *volume* V est donc

$$V = \frac{1}{3} \cdot 4\pi R^2 . R$$

ou

$$V = \frac{4}{3}\pi R^3.$$

EXERCICES THÉORIQUES

Chap. I, II.

987. Calculer le volume d'un cube connaissant la distance d'un sommet au milieu d'une arête ne passant pas par ce sommet : distinguer deux cas.

988. Couper un cube par deux plans symétriques par rapport au centre de ce cube et perpendiculaires à une diagonale, de façon à diviser le cube en trois portions équivalentes.

Nota. — *On nomme solides équivalents des solides qui ont même volume.*

989. On donne la hauteur h d'un tétraèdre régulier; calculer son volume.

990. Étant donnée une pyramide, la découper en deux polyèdres équivalents par un plan parallèle à la base.

991. Calculer le volume d'une pyramide régulière triangulaire connaissant la longueur des arêtes de base b et celle des arêtes latérales a.

992. Partager un tétraèdre en trois parties équivalentes par deux plans passant par une arête.

993. Trouver à l'intérieur d'un tétraèdre régulier ABCD un point M tel que les quatre pyramides MABC, MBCD, MCDA, MDAB soient équivalentes.

994. Étant donné un prisme triangulaire droit à base équilatérale, on prend les homothétiques directes de toutes ses arêtes, le milieu de la droite qui joint les centres des deux bases étant centre d'homothétie, le rapport d'homothétie étant 2. Calculer le volume compris entre le nouveau prisme et l'ancien; on donne la hauteur h du prisme primitif ainsi que le côté a de la base.

995. Étant donnée une pyramide triangulaire ABCD, calculer le volume de la pyramide dont les sommets sont les points de concours des médianes des faces de ABCD, connaissant le volume de la pyramide ABCD.

996. Quel est le volume du tétraèdre formé en prenant pour sommets quatre sommets d'un cube dont deux n'appartiennent pas à une même arête? On donne la longueur d'arête a du cube.

997. Calculer le volume *du tas de sable*, tronc de pyramide à base rectangle dont une dimension est double de l'autre, dont la hauteur est égale au plus petit côté de base et dont la petite base a des dimensions moitié de ceux de la grande base, les centres des deux bases étant sur une même perpendiculaire à ces bases.

998. Étant donné un tétraèdre ABCD on prolonge ses arêtes au delà des différents sommets et on partage ainsi l'espace en quinze régions : 1° l'intérieur du tétraèdre lui-même; 2° les angles trièdres symétriques des angles du tétraèdre, au nombre de quatre; 3° les angles trièdres eux-mêmes du tétraèdre dont on a enlevé le tétraèdre, au nombre de quatre; 4° les autres régions nommées *combles*, au nombre de six.

Prenant alors un point dans une région de chaque espèce, on considère les pyramides ayant pour sommet ce point et pour bases les faces du tétraèdre; démontrer que si on appelle S_a, S_b, S_c, S_d les volumes des pyramides en question de bases BCD, ACD, ABD et ABC et S le volume du tétraèdre donné on a une des égalitéssuivantes;

$$S = S_a + S_b + S_c + S_d$$
$$S = S_a - S_b - S_c - S_d$$
$$S = S_b + S_c + S_d - S_a$$
$$S = S_a + S_c - S_b - S_d$$

selon que le point est choisi dans la région 1e ou dans la région 2° correspondant au sommet A, ou dans la région 3° correspondant au sommet A, ou dans la région 4° correspondant au dièdre opposé par l'arête du dièdre AC.

999. Un cône et un cylindre de révolution ont même hauteur, quel doit être le rapport de leurs rayons de bases pour qu'ils aient même volume?

1000. Une toupie est formée d'un cylindre et d'un cône de même rayon et de même hauteur accolés par la base, calculer le volume de la toupie connaissant le rayon commun R et la hauteur commune h. Quelle valeur faut-il donner à h pour que ce volume soit celui d'une sphère de rayon R?

1001. Étant donné un cône de révolution de hauteur h ayant pour base un cercle de centre O et de rayon R, quel doit être le rayon de la petite base d'un tronc de cône de révolution ayant pour hauteur $\frac{h}{2}$ et pour grande base le cercle de base du cône précédent, pour que son volume soit égal celui du cône?

1002. Étant donné un cercle de centre O, de rayon R, on fait subir à ce cercle une translation de longueur l dont la direction fait un angle α avec le plan du cercle O; quel est le volume du cylindre engendré par le déplacement du cercle?

1003. Deux plans parallèles sont distants de la longueur h; calculer le volume d'un cylindre oblique dont les bases sont des cercles de rayon R dans les deux plans donnés.

1004. Quel est le rayon de la sphère dont le volume est 1 litre (*on calculera par tâtonnement un nombre a dont le cube sera donné*)?

1005. Quel est le rayon d'une sphère équivalente à un cylindre de rayon R et de hauteur 2R?

1006. On considère un cylindre de révolution de rayon R et de hauteur R, la demi-sphère ayant pour cercle de base la base du cylindre et un cône admettant lui aussi même base et pour sommet le centre de la base supérieure du cylindre. Démontrer que les volumes du cylindre, de la sphère et du cône sont en progression arithmétique.

1007. Une sphère est tangente aux génératrices et aux deux bases d'un cylindre de hauteur h. Calculer, connaissant h, le volume du cylindre évidé par la sphère.

1008. On considère un triangle équilatéral ABC, calculer le volume engendré par ce triangle tournant d'un tour complet autour d'un de ses côtés. On donne le côté a du triangle ABC.

1009. Quel est le volume engendré par un hexagone régulier tournant d'une révolution complète autour d'une de ses diagonales passant par le centre?

1010. On donne un carré ABCD et on mène dans son plan la perpendiculaire XAY à la diagonale AC; calculer le volume engendré par la surface de ce carré tournant d'un tour complet autour de XAY; on connaît le côté AB $= a$ du carré.

1011. On donne un triangle ABC et un axe XAY de son plan passant en A ne coupant pas ABC; connaissant la hauteur AH $= h$ et le côté BC $= a$, ainsi que l'angle α que fait ce côté BC avec XY, calculer le volume engendré par le triangle ABC tournant d'un tour complet autour de XAY [*Examiner d'abord le cas où B est aussi sur XY*].

1012. On connaît l'hypoténuse a d'un triangle rectangle ABC et les volumes v et v' des cônes engendrés par le triangle tournant d'un tour complet autour de AB, puis autour de AC; calculer les côtés du triangle.

1013. Étant donné un triangle équilatéral ABC on mène la parallèle B'C' au côté BC par le point de concours G des médianes du triangle, B' étant sur AB et C' sur AC; évaluer, connaissant le côté a du triangle, le volume engendré par le trapèze B'C'CB tournant d'un tour complet autour de B'C'.

1014. On connaît la longueur a des côtés et l'angle $\widehat{BAD} = \alpha$ d'un losange ABCD, trouver le volume engendré par la surface du losange tournant d'une révolution complète autour d'un de ses côtés.

1015. On considère un demi-cercle de diamètre AB $= 2R$, les tangentes en A et B et une tangente en un point M qui coupe les deux précédentes en A' et B'. Calculer, connaissant R et l'angle α du rayon OM avec AB, la surface latérale et le volume du tronc de cône engendré par la rotation du contour AA'B'B autour de AB.

LIVRES VII ET VIII

EXERCICES THÉORIQUES

1016. Un parallélépipède rectangle a une aire totale mesurée par un nombre double du nombre qui mesure la longueur d'une arête et un volume triple du nombre qui mesure une seconde arête, sachant que la troisième arête a pour longueur a, calculer les longueurs des deux autres arêtes, la surface du solide et son volume.

1017. On donne l'arête a d'un tétraèdre régulier, calculer son aire, son volume, son angle dièdre, le rayon de la sphère circonscrite et le rayon de la sphère inscrite, la distance de deux arêtes opposées, la hauteur des faces et la hauteur du tétraèdre.

1018. On joint deux à deux les centres des faces non opposées d'un cube, on forme ainsi un solide appelé *octaèdre régulier* dont on demande de calculer le volume, et l'aire latérale, connaissant la longueur a du côté du cube.

1019. Quel est le rapport des volumes et des aires latérales d'un cube et d'un tétraèdre régulier ayant même longueur de côté.

1020. On donne trois points O', O", O''' qui sont les centres de trois faces concourantes d'un parallélépipède rectangle, construire ce solide et en calculer l'aire latérale et le volume connaissant les côtés du triangle O', O", O'''. Cas où le triangle O' O" O''' est équilatéral.

1021. Calculer le volume et l'aire totale du cubo-octaèdre, c'est-à-dire du cube tronqué par les huit plans passant chacun par les milieux de trois arêtes concourantes en un des sommets du cube.

1022. Étant donnés deux droites orthogonales D et D' on fait glisser sur ces deux droites deux segments égaux AB et CD; montrer que le volume du tétraèdre ABCD reste constant, quelles que soient les positions des deux segments sur D et D'; étudier la variation de l'aire totale de ce tétraèdre en supposant que le segment AB reste fixe, son milieu étant le pied sur D de la perpendiculaire commune à D et D', l'autre segment variant sur D'.

1023. Dans un cône de révolution le rayon de base est égal à la hauteur, quel est le rapport de la surface latérale à la surface de la base, calculer les dimensions, la surface latérale et le volume de ce cône sachant que le nombre qui mesure le volume est le double du nombre qui mesure la surface latérale.

1024. On donne les rayons de base R et R' et la hauteur h d'un tronc de pyramide hexagonal régulier. Calculer son volume, son aire latérale et son aire totale. Application : $R = 6$, $R' = 3$, $h = 4$.

1025. Dans un cylindre de révolution la hauteur est égale au rayon de base; démontrer que l'aire totale est le double de l'aire latérale. Calculer les dimensions de ce cylindre, son volume et son aire, sachant que le nombre qui mesure le volume est le triple du nombre qui mesure la surface totale.

1026. Quel est le rapport des volumes d'un cône et d'un cylindre dont le rayon de base de l'un est la hauteur de l'autre; calculer les volumes de ces deux solides sachant que le rapport de leurs volumes est m et le rapport de leurs aires latérales est k.

1027. Quelle est la hauteur d'un tronc de cône de révolution, sachant que le rapport des aires des bases est k^2, que l'aire latérale est πm^2 et que le volume est $\dfrac{4}{3}\pi a^3$.

APPENDICE

OPÉRATIONS SUR LE TERRAIN

§ 1. — Arpentage.

831. — **Mesure des surfaces sur le terrain.** — Un terrain n'a de valeur que par l'usage qu'on en peut faire. Pour le cultivateur, qui y sème du grain, un terrain a d'autant plus de valeur qu'il peut y pousser plus d'épis. Or (fig. 490), les plantes poussent *verticalement*; il en résulte que la quantité de blé qui peut pousser sur un champ AB est la même que celle qui peut pousser sur la projection horizontale *ab* de ce champ sur un plan horizontal HH'. De même, si l'on bâtit une maison sur un terrain CD, les murs étant verticaux, la largeur et la longueur de la maison sont les mêmes que si on l'avait construite sur la projection horizontale *cd* du terrain sur

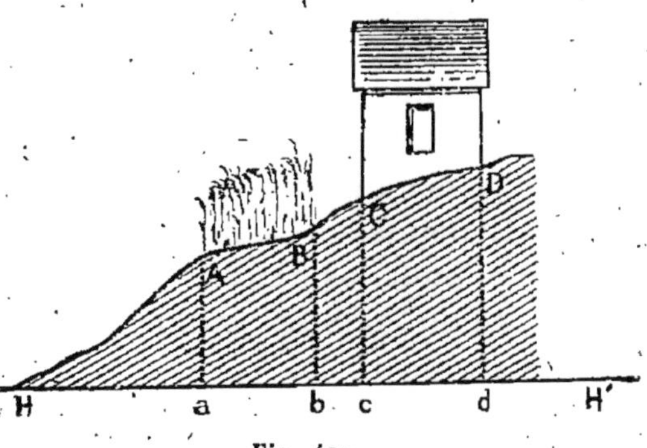

Fig. 490.

le plan horizontal HH'. Deux terrains *pratiquement* équivalents sont donc deux terrains ayant même projection horizontale.

L'arpentage *a pour objet la mesure des aires, projections horizontales des surfaces des terrains.*

832. — Unités. — Nous avons appris dans l'étude du système métrique que l'unité d'aire sur le terrain est l'*are* qui vaut 100^{m2}.

L'*are* a un multiple : *l'hectare* $= 100^a$,

et un sous-multiple : le *centiare* $= \dfrac{1}{100}$ *are* $= 1^{m2}$.

Arpenter *un terrain c'est savoir combien sa projection horizontale contient d'hectares, d'ares et de centiares.*

833. — Opérations. — L'arpentage comprend trois opérations principales :

1° *Le tracé d'une droite horizontale sur le terrain ou jalonnement;*

2° *La mesure de la longueur de cette droite ou chaînage;*

3° *Le tracé d'une perpendiculaire menée d'un point sur une droite tracée sur le terrain.*

834. — Jalonnement. — La position d'une droite sur le terrain est indiquée au moyen de *jalons.*

Le *jalon* est une tige mince en bois de 2 mètres environ de haut, peinte en blanc et rouge, les couleurs étant alternées pour les rendre visibles au loin. L'extrémité inférieure du jalon est munie d'une pointe de fer pour le planter en terre.

A défaut de jalons de ce type, on peut se servir de baguettes bien rectilignes portant à l'extrémité supérieure un petit morceau de papier pour les rendre visibles.

Pour jalonner une droite AB, on plante deux jalons verticaux en A et B. L'opérateur se place en A et vise B. Un aide vient se placer entre A et B avec un nouveau jalon C et, par tâtonnements, guidé par l'opérateur, il place ce jalon C entre A et B de façon que l'opérateur, visant en A, voie le jalon A cacher exactement à la fois les jalons B et C. On recommence plusieurs fois et on place ainsi une série de jalons entre A et B.

Tous ces jalons forment un *plan vertical* qui contient l'horizontale AB.

Cette opération peut aisément se faire sur un terrain légèrement ondulé. Lorsque le sol est trop en pente, il faut employer des procédés spéciaux que nous passons sous silence.

835. — Chaînage. — La mesure de la longueur d'une droite horizontale tracée sur le terrain se fait au moyen de la *chaîne d'arpenteur* et de *fiches*.

La *chaîne d'arpenteur* est formée de 5o chaînons de gros fil de fer reliés les uns autres par des anneaux. La distance des centres de deux anneaux consécutifs, lorsque la chaîne est tendue, est de 20 centimètres; de telle sorte que la longueur totale de la chaîne tendue est de 1 décamètre ou 10 mètres. De cinq en cinq les anneaux sont en cuivre, ce qui permet de reconnaître les longueurs de

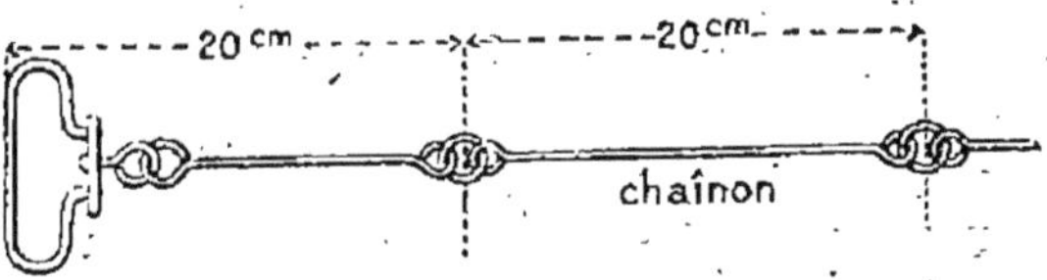

Fig. 491. — Chaîne d'arpenteur.

1 mètre, 2 mètres, 3 mètres, etc. Les chaînons extrêmes portent des poignées (fig. 491) ayant une partie rectiligne munie d'une gorge que l'on peut appliquer le long d'une fiche verticale tandis que la chaîne est tendue horizontalement. La longueur des chaînons extrêmes (y compris les poignées) est encore de 20 centimètres comptés de la gorge de la poignée au centre du premier anneau.

Au lieu de la chaîne d'arpenteur, on se sert aussi d'un décamètre en ruban d'acier que l'on peut enrouler sur un tambour en bois et qui porte, de mètre en mètre, des index en cuivre.

Les *fiches* (fig. 492) sont des tiges de fer terminées en pointe. A chaque jeu de dix fiches est jointe une *fiche plombée.*

Pour mesurer une droite, en terrain horizontal, l'opérateur applique une poignée de la chaîne, près de terre,

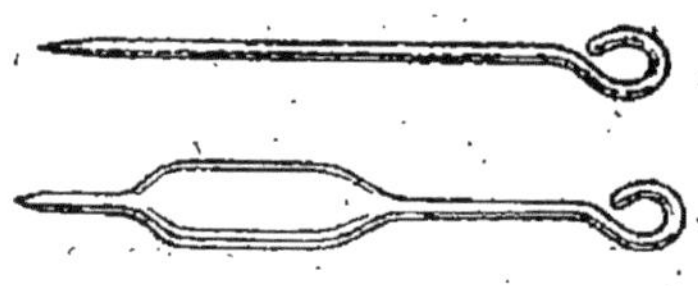

Fig. 492. — Fiches.

contre une première fiche plantée à la place du premier jalon. L'aide tient l'autre poignée avec une fiche dans la gorge ; il tient dans l'autre main les huit autres fiches et la fiche plombée.

L'aide tend la chaîne en appliquant la poignée près de terre et en s'effaçant de façon que l'opérateur puisse viser la fiche que tient l'aide et le second jalon. Lorsque, après tâtonnements, la fiche est alignée avec les deux premiers jalons, l'aide l'enfonce en terre et l'opérateur s'y transporte après avoir arraché la première. On recommence l'opération à partir de cette fiche. Quand la troisième fiche est plantée, l'opérateur arrache la seconde et se rend à la troisième ; et ainsi de suite.

Chaque fois que l'opérateur arrache une fiche, c'est qu'on a mesuré 10 mètres. Quand le jeu des fiches est épuisé, l'aide plante la fiche plombée et revient vers l'opérateur qui lui remet les dix fiches et inscrit un trait sur son carnet. C'est ce qu'on appelle *faire l'échange des fiches*; chaque échange correspond à une longueur de 100 mètres mesurée sur le terrain. L'aide arrache la fiche plombée, la remplace par une autre fiche et on continue l'opération.

Lorsqu'on rencontre un jalon intermédiaire on le dépasse sans en tenir compte.

Quand l'aide arrive au dernier jalon, il le dépasse et ne

s'arrête que lorsque l'opérateur a atteint la dernière fiche. On tend alors la chaîne et on note la distance de la dernière fiche au jalon.

Supposons, par exemple, qu'on ait fait 3 échanges de fiches, et qu'au moment où l'aide a dépassé le dernier jalon, l'opérateur ait 7 fiches en mains. Enfin supposons que la distance de la dernière fiche au dernier jalon soit de 5 mètres et 3 chaînons, soit $5^m,60$, on a alors :

$$
\begin{aligned}
&\text{3 échanges.} \dots\dots\dots\dots\dots & 300^m \\
&\text{7 fiches} \dots\dots\dots\dots\dots\dots & 70^m \\
&\text{5 mètres et 3 chaînons.} \dots\dots\dots & 5^m,60 \\
&\hspace{3cm}\text{Total.} \dots\dots & \overline{375^m,60.}
\end{aligned}
$$

Lorsque l'on opère en terrain incliné (fig. 493), le procédé est le même. La distance horizontale AB des deux jalons extrêmes est la somme des distances horizontales $a\,a_1$, $a_2 a_3$, $a_4 a_5$, etc... des diverses fiches. Il suffit donc d'avoir soin de tendre la chaîne *horizontalement*, comme en $a_2 a_3$, l'une des poignées a_2 près du sol et l'autre a_3 au-dessus du sol. On opère d'ordinaire en descendant. Au lieu de planter une fiche ordinaire, l'aide fait glisser la fiche plombée le long de la poignée de la chaîne. Cette fiche, à cause de son poids, s'enfonce verticalement dans le sol. On la remplace ensuite par une fiche ordinaire.

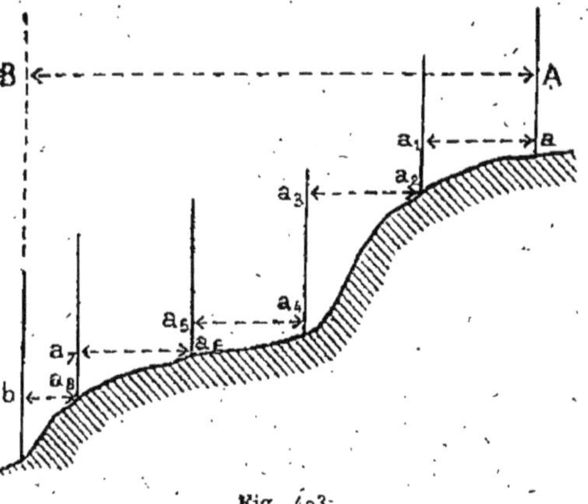

Fig. 493.

836. — Perpendiculaires. — Pour mener une perpendiculaire à une droite sur le terrain, on se sert de l'*équerre d'arpenteur*.

L'équerre d'arpenteur (fig. 494) a la forme d'un prisme octogonal régulier en laiton.

Les axes des huit faces sont percés de huit fentes qui sont deux à deux opposées.

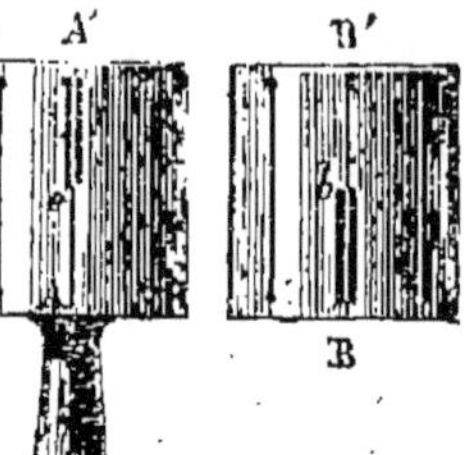

Quatre de ces fentes, situées dans deux plans rectangulaires, sont constituées chacune d'une moitié étroite et d'une autre moitié plus large dans l'axe de laquelle est tendu un crin, en prolongement de la partie étroite.

La partie étroite d'une fente AA' est placée en face du crin de la partie large de la fente opposée BB' et inversement. Dans ces conditions, le crin d'une fente et la partie étroite de la fente opposée forment, par visée, un plan.

Les quatre fentes intermédiaires sont rarement utilisées; elles peuvent servir à déterminer des directions à 45 degrés.

Fig. 494.
Équerre
d'arpenteur.

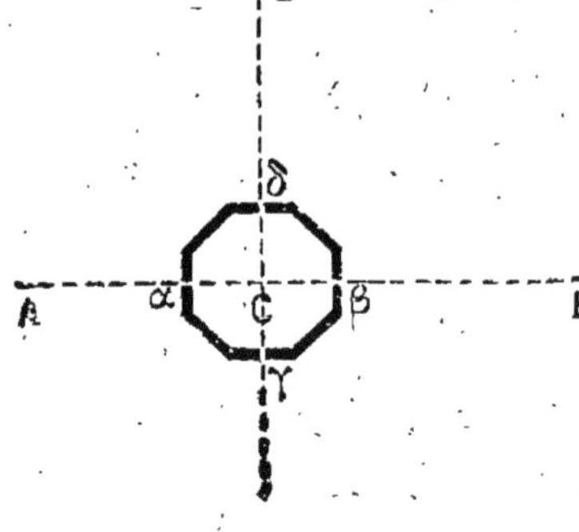

Fig. 495.

L'équerre est fixée sur un pied fiché en terre.

Pour élever une perpendiculaire en un point C d'une droite AB jalonnée sur le terrain (fig. 495), on plante verticalement l'équerre en C et on vérifie qu'elle est bien verticale au moyen du fil aplomb ou d'un niveau d'eau. On dirige l'équerre de façon que, quand on vise par la fente β, le crin α cache le jalon A et que, quand on vise par la fente α le crin β cache le jalon B.

L'opérateur se place alors en γ et l'aide, par tâtonnements, vient placer un jalon de façon qu'en le visant par
la fente γ il soit caché par le crin δ. Ce jalon D détermine, avec C, la perpendiculaire CD.

Pour mener une perpendiculaire d'un point extérieur C
à la droite AB, on opère par tâtonnements. On se place d'a-
bord à peu près en un point D′ de AB que l'on juge, à l'œil,
être voisin du pied D de la perpendiculaire (fig. 496). On

mène la perpen-
diculaire en D′
comme tout à
l'heure et on voit
si elle passe en
C. Si, par hasard,
elle passait en C,
l'opération se-
rait faite; mais
ceci n'a presque
jamais lieu. Si
on constate que
D′ est trop à

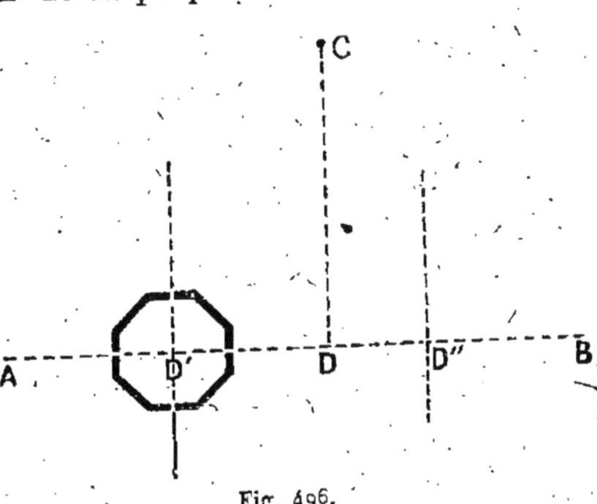

Fig. 496.

gauche, on recommence en se déplaçant vers la droite. Le
nouveau point D″ peut alors être trop à droite, on revient
alors vers la gauche; et, après quelques essais métho-
diques, on détermine le point exact D.

837. — Mesure de l'aire d'un terrain accessible. — Si
le terrain est triangulaire on mesure sa base (n° 835), on
mène la hauteur (n° 836) et on la mesure.

Dans le cas général on emploie la méthode des trapèzes
indiquée en Géométrie plane (n° 544).

Soit à arpenter sur le terrain le polygone ABCDEFG
(fig. 497). Nous choisissons une droite XY facile à jalonner
(n° 834); puis des sommets A, B, C, etc., nous abaissons
(n° 836) les perpendiculaires Aa, Bb, Cc, etc.; enfin nous

mesurons à la chaîne (n° **835**) les longueurs ai, ig, gb, bf, etc., et les distances Aa, Bb, etc.

L'aire totale est alors la somme des aires des trapèzes et triangles en lesquels la surface est décomposée.

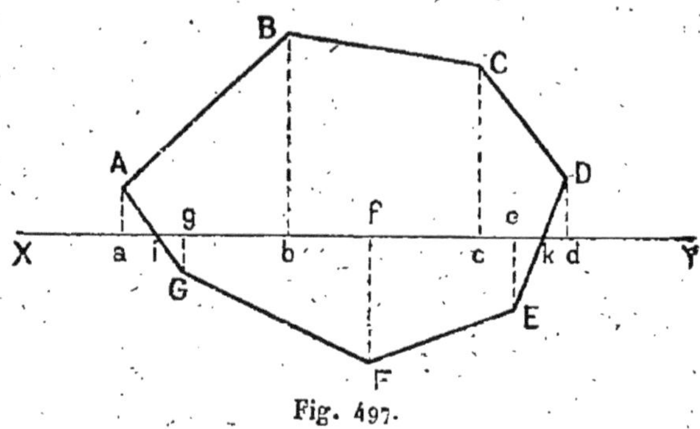

Fig. 497.

Si le contour du terrain n'est pas polygonal, mais courbe, on l'assimile à un polygone en choisissant les sommets assez voisins pour que l'erreur commise soit insignifiante.

838. — Mesure de l'aire d'un terrain inaccessible. — Il peut arriver que l'on ne puisse pas pénétrer à l'intérieur d'un terrain soit parce qu'il est boisé, soit parce que c'est une pièce d'eau, etc. Dans ce cas on modifie le procédé précédent.

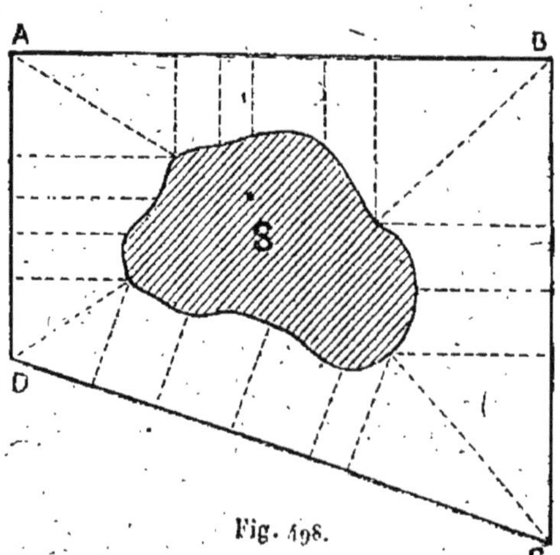

Fig. 498.

On jalonne sur le terrain un polygone ABCD (fig. 498) entourant le terrain S à mesurer.

Ce polygone sera, par exemple, un trapèze ABCD ou tout autre polygone facile à mesurer.

On applique alors le procédé précédent des trapèzes au terrain intérieur à ABCD mais extérieur à S.

L'aire S cherchée est alors égale à l'aire de ABCD *diminuée* des aires des trapèzes et des triangles que l'on vient de mesurer.

§ 2. — Levés de plans.

839. — **Définition.** — **Léver le plan** d'un *terrain de faible étendue, c'est représenter, à une échelle connue, la projection de ce terrain sur un plan horizontal.*

Comme les projections d'une même figure sur deux plans parallèles sont identiques, le *levé de plan* est indépendant du plan horizontal de comparaison choisi.

840. — **Levé au mètre.** — Pour lever le plan d'un terrain *au mètre*, c'est-à-dire avec la chaîne d'arpenteur, on choisit (fig. 499), à l'intérieur du terrain, une droite AB facile à mesurer, appelée *base*. Pour déterminer la position d'un point M du terrain, soit sur son contour, soit à l'intérieur, on mesure ses distances MA et MB aux extrémités de la base. Il est, alors, facile de construire, à l'*échelle*, sur la carte, un trian-

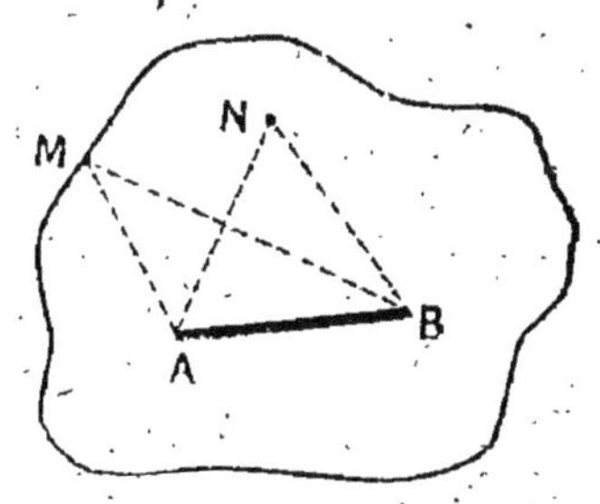

Fig. 499.

gle *amb* semblable au triangle AMB du terrain, puisqu'on en connaît les trois côtés. En recommençant pour un autre point N, et pour autant de points que l'on veut, on détermine ainsi le plan du terrain.

841. — **Alignements.** — Lorsque, par le levé précédent, on a déterminé les points principaux du contour du terrain, on peut, un peu plus rapidement, déterminer les points intérieurs par *alignements*. Soit P (fig. 5oo) un point intérieur, et soit MNQRST le polygone formé par les points principaux du contour du terrain, points déterminés précédemment. Joignons NP qui coupe ST en N′ et MP qui coupe QR en M′. En mesurant QM′ et SN′ on fixe, sur la carte,

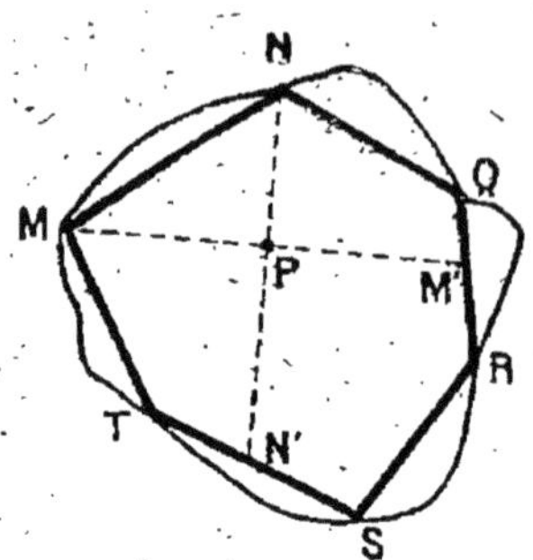

Fig. 5oo.

les positions des points M′ et N′. Il suffit alors, sur la carte, de tracer les droites MM′ et NN′, qui se coupent en P.

842. — Levé par abscisses et ordonnées. — On choisit sur le terrain une droite fixe OX (fig. 5o1) facile à mesurer et à parcourir. Sur cette droite prenons un point O dit *origine des abscisses*. Pour déterminer la position d'un point M

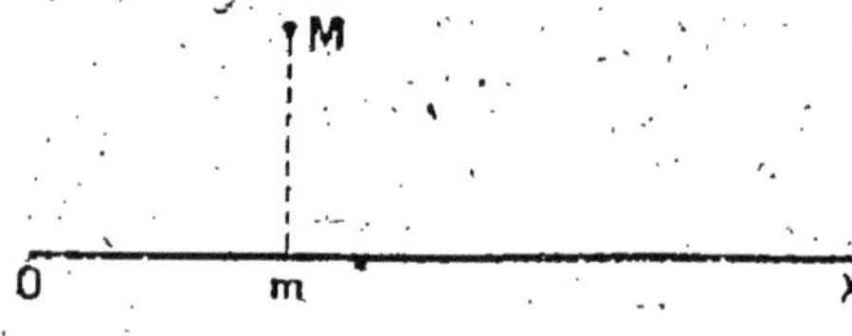

Fig. 5o1.

on abaisse, à l'équerre d'arpenteur (n° 836), une perpendiculaire M*m* sur OX et on mesure, à la chaîne, O*m*, appelée *abscisse*, et *m*M, appelée *ordonnée*. En reportant ces données sur la carte, à l'échelle, on aura la position de M sur la carte. On recommencera pour autant de points qu'il faudra.

843. — Remarque. — Les procédés précédents, qui utilisent uniquement les instruments d'arpentage, sont très précis ; mais ils sont longs et ne s'appliquent guère qu'à un terrain de petites dimensions et bien découvert.

Lorsqu'on opère sur un terrain plus étendu, que le levé n'a pas besoin d'être très précis et qu'on veut aller plus vite, on emploie des procédés plus expéditifs basés sur des mesures d'angles. Ces mesures n'étant jamais très précises, les levés ainsi obtenus sont moins fidèles.

844. — Graphomètre. — Les mesures d'angles sur le terrain se font au moyen du *graphomètre*.

Il se compose d'un demi-cercle ACB en laiton, évidé et gradué en degrés et minutes (fig. 5o2), appelé *limbe*. Ce cercle est monté sur un pied au moyen d'un *genou* G autour duquel il peut tourner. On commence par le rendre horizontal et on immobilise le genou en serrant la vis V. Aux extrémités du diamètre AB sont placées deux lames métalliques verticales A et B appelées *pinnules*. Ces pinnules

Fig. 5o2. — Graphomètre.

sont munies de fentes comme l'équerre d'arpenteur. Chacune des fentes comprend deux parties, l'une étroite, l'autre large traversée par un crin en prolongement de l'axe de la partie étroite. La partie étroite de A est en face du crin de B et vice versa. Le crin de l'une des pinnules détermine avec la fente étroite de l'autre un plan de visée qui passe par la ligne $0^0 - 180^0$ du limbe, appelée *ligne de foi*.

Sur le limbe, autour de son centre, peut se mouvoir une seconde lame DE, appelée *alidade*, portant deux pinnules. Ses extrémités portent un index, ou mieux un *vernier* permettant d'apprécier les minutes d'angle, sur le limbe.

Pour mesurer un angle MON, on rend, à l'aide d'un niveau à bulle d'air, le limbe horizontal et de façon que son centre soit sur la verticale du point O d'où l'on veut viser. Ceci posé, on vise d'abord à l'aide des pinnules AB le premier point M du terrain, de façon à orienter la ligne de foi AB suivant la direction OM. On vise ensuite à l'aide de l'alidade DE le second point du terrain N. L'angle $\widehat{MON}$ sur le terrain est alors égal à l'angle de DE et AB, angle dont on lit la mesure sur le limbe gradué comme sur un rapporteur.

845. — **Levé par intersections.** — On choisit sur le terrain (fig. 503) une *base* AB facile à mesurer et d'où l'on

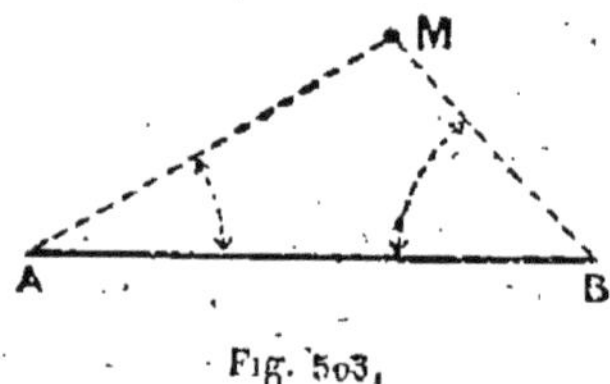

Fig. 503.

peut voir tous les points que l'on veut représenter sur la carte et préalablement jalonnés. Soit M un point à figurer. On met d'abord le graphomètre en A de façon que la ligne de foi soit dirigée suivant AB et on mesure l'angle $\widehat{MAB}$. On transporte le graphomètre en B et on mesure l'angle $\widehat{MBA}$. Le triangle MBA est ainsi déterminé car on en connaît un côté AB et les deux angles adjacents. Il est donc facile de le dessiner, à l'échelle voulue, sur la carte.

Ce procédé est très rapide. En effet, le graphomètre étant placé en A, la ligne de foi suivant AB, il suffit de viser avec l'alidade mobile successivement tous les points à relever pour mesurer tous les angles tels que $\widehat{MAB}$; de même, en B, on mesure successivement tous les angles tels que $\widehat{ABM}$. On n'a donc qu'*une* mesure de longueur et deux mises en station du graphomètre à effectuer.

846. — **Levé par cheminement**. — On n'emploie ce procédé que lorsque le précédent n'est pas applicable, ou encore, comme vérification du précédent. Soit ABCD un polygone sur le terrain. On mesure AB à la chaîne. On mesure l'angle $\widehat{ABC}$ au graphomètre, on mesure à la chaîne BC, puis au graphomètre l'angle $\widehat{BCD}$, et ainsi de suite. Le polygone est déterminé puisqu'on en connaît les longueurs des côtés et les angles.

Comme les mesures d'angles sont peu précises, l'accumulation des erreurs faites sur les angles cause souvent de graves erreurs dans la carte établie par ce procédé.

847. — **Levé à la planchette**. — C'est le procédé le plus expéditif, employé par les officiers dans les levers topographiques rapides. Il n'exige aucune *mesure* d'angle et donne, de suite, directement la carte du terrain.

Les instruments employés sont *la planchette* et *l'alidade*.

La *planchette* est une planche à dessin de 40 centimètres sur 60 centimètres de côtés, montée sur un trépied comme le graphomètre, de façon qu'on puisse la rendre horizontale.

L'alidade à pinnules est analogue à celui du graphomètre. Il comprend une règle plate, avec un bord biseauté divisé en centimètres et millimètres, terminé par deux pinnules telles que le plan de visée passe exactement par le bord de la règle.

Pour faire un levé, on choisit sur le terrain une base

AB que l'on mesure. On *met* la planchette *en station* en A. A cet effet (fig. 504) on transporte la planchette en A et

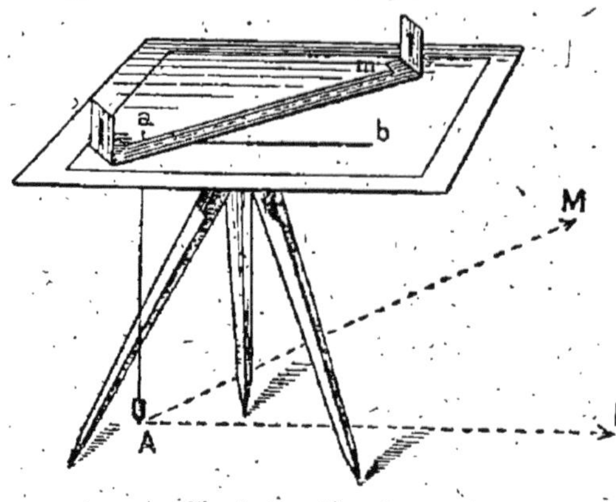

Fig. 504. — Planchette.

on la rend horizontale en se servant du niveau d'eau que porte d'ordinaire l'alidade. Si on n'a pas de niveau d'eau, on peut simplement se servir d'un crayon rond. On oriente la table jusqu'à ce que le crayon, placé dans n'importe quelle direction, ne roule plus sur la table. On fixe la table. On marque sur la feuille à dessin le point *a* situé sur la verticale du point A. En *a* on plante une épingle dans la planchette. Appuyant le bord biseauté de l'alidade sur l'épingle *a* servant d'axe de rotation, on vise d'abord B et on trace sur le papier la ligne *ab* parallèle à AB. Sur cette ligne, à l'échelle, on porte une longueur *ab* égale à la mesure de AB. On vise ensuite successivement tous les points que l'on veut marquer sur la carte. Ainsi l'alidade pivotant autour de *a*, on vise le point M et on trace au crayon la droite *am*. L'angle $\widehat{bam}$ est égal à l'angle $\widehat{BAM}$; on applique la *méthode des intersections* (n° 845); mais, au lieu de mesurer l'angle $\widehat{BAM}$ au graphomètre et de le reporter sur le dessin, on le trace *directement.*

Tous les points ayant été visés, en A, on transporte la planchette et on la met en station en B, de façon que le point *b* soit sur la verticale de B et que la ligne *ba* soit dirigée suivant BA. On recommence les visées en B et les intersections des rayons issus de *a* et *b*, sur le dessin, déterminent, sur la carte, les divers points.

848. — Triangulation. — Tous les procédés décrits plus haut ne s'appliquent qu'aux levés de plans de terrains peu étendus. Lorsqu'il s'agit de faire la carte d'un grand pays, par exemple la carte de France, il faut employer des méthodes plus précises.

A cet effet, on fixe avec soin un certain nombre de points élevés du pays. Les droites qui les joignent deux à deux forment sur le terrain (fig. 505) un réseau de triangles. On choisit un premier côté AB pour *base* qu'on mesure avec grand soin; puis, par des opérations très précises et longues, avec de fréquents contrôles, on détermine, par des mesures d'angles, de proche en proche, tous les triangles ABC, BCE, etc., du réseau. C'est ce qu'on appelle faire une *triangulation*.

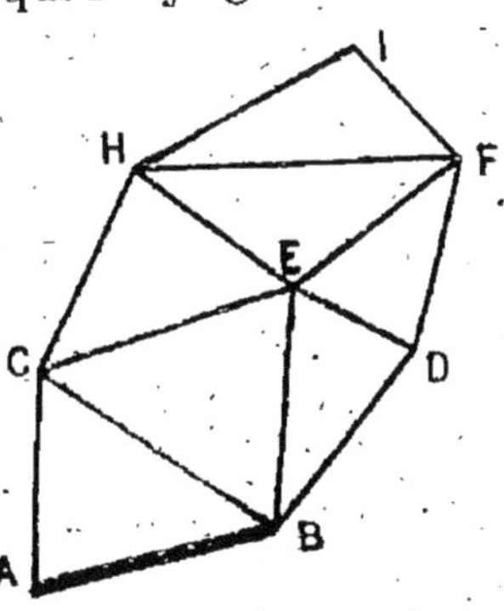

Fig. 505. — Triangulation.

Lorsque cette triangulation a été faite avec beaucoup de précision et reportée sur la carte, on fait ensuite, par les procédés indiqués plus haut, le levé des détails situés dans chaque triangle.

§ 3. — Nivellement.

849. — Altitudes. — Le *plan* d'un terrain est la projection de ce terrain sur un plan horizontal. Or, la projection d'une figure de l'espace sur un plan ne suffit pas à déterminer cette figure et il faut en outre connaître les distances des divers points à ce plan de projection. Pour définir complètement un terrain, pour en avoir la *carte*, il faut donc non seulement en *lever le plan*, mais encore connaître les distances de ses divers points à un plan horizontal de comparaison.

Pour définir ce plan de comparaison, sur la terre, on imagine que l'on prolonge, en tous sens, à l'intérieur des continents, la surface du niveau moyen des mers. Cette surface est aplatie aux pôles, mais diffère très peu d'une sphère. Si l'on considère une portion restreinte de cette surface, elle diffère très peu de son plan tangent en un point intérieur, de telle sorte que l'on peut considérer, *dans une région peu étendue*, la surface du niveau moyen des mers comme formant un plan horizontal (perpendiculaire à la verticale, direction du fil à plomb). C'est cette surface que l'on prend comme plan de comparaison.

On appelle **altitude** *d'un lieu sur la terre sa hauteur (sa cote) au-dessus du plan formé par le niveau moyen des mers.*

La *carte* complète d'une région se compose donc :

1° De sa projection sur un plan horizontal, projection que l'on détermine à l'aide des levés dont nous avons parlé dans le paragraphe précédent;

2° Des *altitudes* de ses points principaux.

Le nivellement *consiste dans la détermination des altitudes des divers points d'un terrain.*

Pratiquement, on détermine l'altitude d'*un* point au-dessus du niveau de la mer, et il suffit ensuite de mesurer les *différences d'altitude* des autres points entre eux.

Ainsi, par exemple, si nous savons que l'altitude d'un point A est de 150 mètres et qu'un second point B est à 235 mètres d'altitude au-dessus de A, l'altitude de B, au-dessus du niveau de la mer, sera $150^m + 235^m = 385^m$.

850. — **Instruments.** — Les instruments dont on se sert

dans la méthode du *nivellement direct* sont le *niveau d'eau*
et la *mire*.

851. — **Niveau d'eau.** — Le niveau d'eau se compose
d'un tube de cuivre cylindrique T (fig. 506) d'environ
$1^m,20$ de longueur, en communication avec deux fioles de

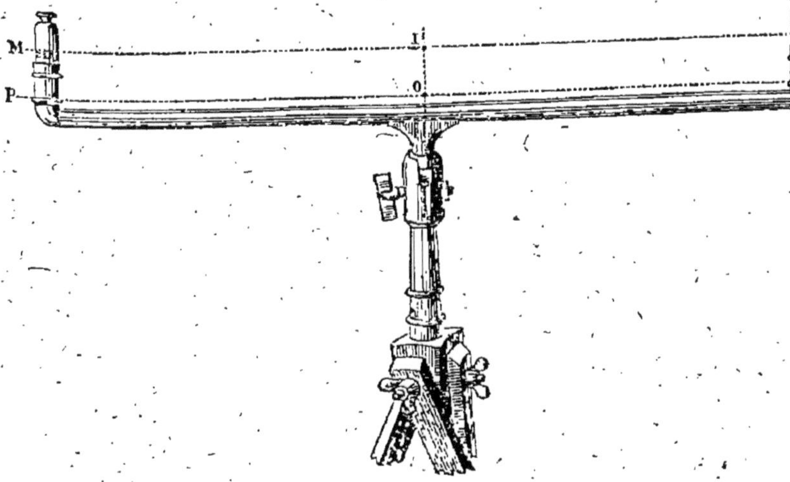

Fig. 506. — Niveau d'eau.

verre F et F' dont les axes sont perpendiculaires à celui
du tube. Ces cylindres de verre ont environ 3 centimètres
de diamètre et 15 centimètres de hauteur. L'appareil est
fixé par le centre du tube sur un trépied au moyen d'une
articulation O que l'on peut immobiliser par une vis de
serrage. Lorsqu'on verse de l'eau dans les fioles et le
tube, en quantité suffisante pour que l'eau monte dans
chacune des fioles de verre, les deux niveaux de l'eau
dans les deux fioles sont situés, d'après le principe des
vases communiquants, dans un même plan *horizontal* AB
et cela, quelle que soit l'inclinaison de l'appareil. On a
ainsi facilement un plan de visée *horizontal* AB.

852. — **Mire.** — La *mire* se compose (fig. 507) d'une

règle R de 2 mètres de longueur, graduée en centimètres sur la face postérieure. Le long de cette règle glisse un curseur portant une plaque rectangulaire V, appelée *voyant*, partagée en quatre rectangles égaux alternativement peints en rouge et en blanc. Le centre O du voyant est ainsi bien visible et peut être, par suite, facilement visé.

853. — **Nivellement direct**. — Pour mesurer la différence d'altitude de deux points A et B (fig. 508), on place en A et

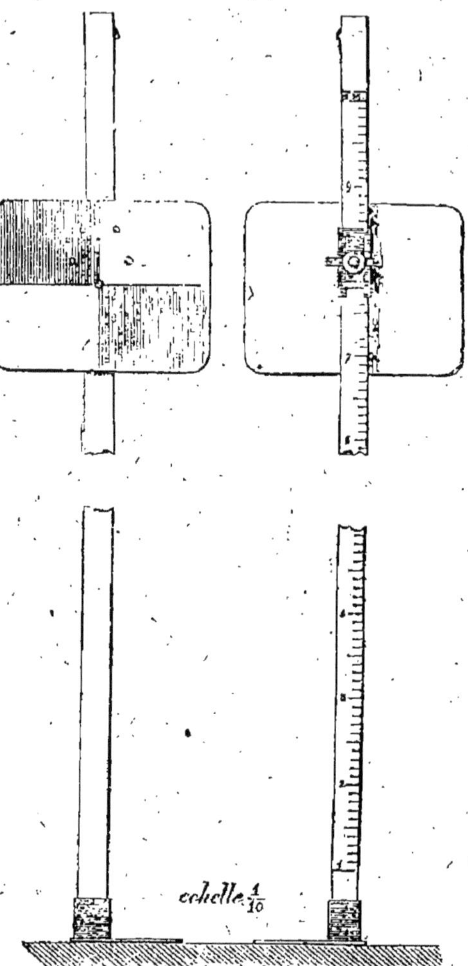

Fig. 507. — Mire.

B deux aides chacun avec une mire tenue verticalement. L'opérateur place le niveau d'eau entre les deux. Il vise d'abord la mire A et par des commandements au premier aide fait monter ou baisser le voyant A jusqu'à

ce que son centre soit dans le plan de visée du niveau.
Il vise ensuite la mire B et fait amener le centre de son
voyant également dans le plan de visée du niveau. Dans
ces conditions les centres des deux voyants des deux
mires sont dans un même plan horizontal. Les aides

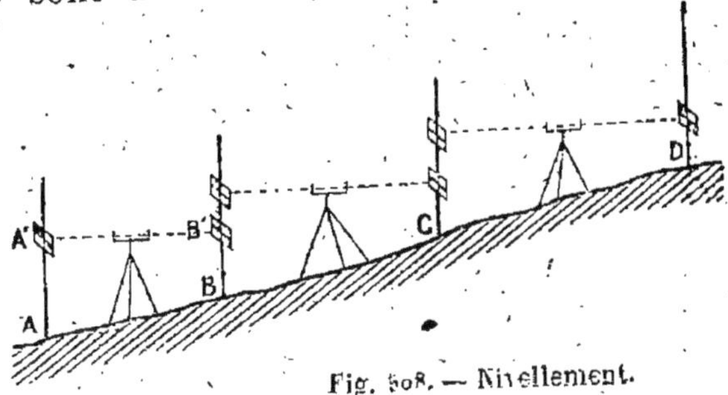

Fig. 508. — Nivellement.

lisent alors les hauteurs sur les graduations des règles. Si
la hauteur AA′ est de $1^m,22$ et celle de BB′ $0^m,83$, cela veut
dire que A est au-dessous du plan horizontal A′B′ à la
distance de $1^m,22$ et que B est au-dessous de ce plan à la
distance de $0^m,83$. Le point B est donc *au-dessus* de A avec
une différence de niveau de $1^m,22 - 0^m,83 = 0^m,39$.

Lorsque les deux points dont on veut mesurer les différences d'altitude sont trop éloignés, on se sert de points
intermédiaires. Ainsi (fig. 508) pour mesurer la différence
de niveau entre A et D, on mesure celle entre A et B,
puis entre B et C, puis entre C et D et on fait la somme.
L'opérateur avance de A vers D accompagné de ses deux
aides, l'un en arrière, l'autre en avant. Le premier aide se
place d'abord en A, l'opérateur vise sa mire et fait ainsi
ce qu'on appelle un *coup arrière*. Le second aide se place
en B et l'opérateur, en visant sa mire, fait un *coup avant*.

Ensuite le premier aide se transporte en B et le second
en C. L'opérateur fait encore un coup arrière et un coup
avant; et ainsi de suite.

Chaque aide inscrit ses coups sur un carnet, c'est-à-
dire qu'il inscrit les hauteurs du voyant à chaque coup.

Voici alors comment on fait le calcul. Soient h_1, h_2, h_3, les coups arrière, k_1, k_2, k_3 les coups avant. Soient d_1, d_2, d_3 les différences de niveau. On a :

$$d_1 = k_1 - h_1,$$
$$d_2 = k_2 - h_2,$$
$$d_3 = k_3 - h_3.$$

En additionnant, on a la différence de niveau totale entre A en D :

$$d_1 + d_2 + d_3 = k_1 + k_2 + k_3 - (h_1 + h_2 + h_3).$$

Ce qui exprime que :

La différence de niveau est égale à l'excès de la somme des coups avant sur la somme des coups arrière.

Il suffit donc de faire la somme des coups marqués sur le carnet de l'aide avant et d'en retrancher la somme des coups marqués sur le carnet de l'aide arrière.

Pour des opérations plus précises, on remplace le niveau d'eau par une lunette terrestre dont l'axe est rendu horizontal par un niveau à bulle d'air. Dans ce cas la graduation de la mire est sur la face antérieure et c'est l'opérateur qui la lit dans la lunette.

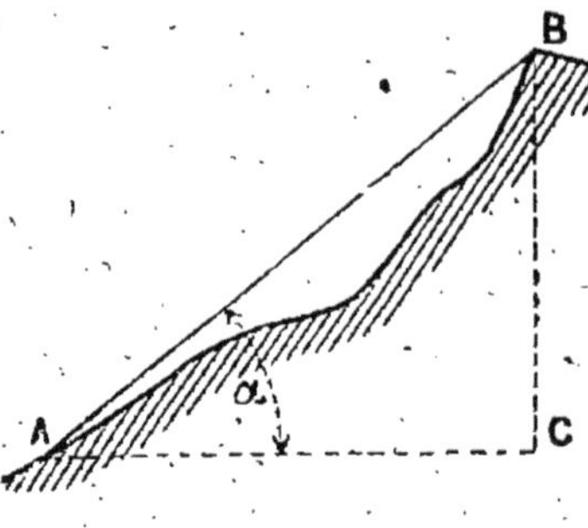

Fig. 509.

854. — Nivellement indirect. — Soient (fig. 509) A et B deux points. Considérons le triangle rectangle ABC dont l'hypoténuse est AB et qui a pour côtés de l'angle droit l'horizontale AC et la verticale BC. La différence d'altitude des deux points A et B est BC. Or, si dans le triangle ABC on connaît le côté BC et l'angle $\alpha = \widehat{CAB}$, on a :

(1) $$BC = AC . \operatorname{tg} \alpha.$$

A cet effet, on mesure :

1° La distance AC, qui est la distance *horizontale* des points A et C, par le jalonnement et la chaîne (n°ˢ 834 et 835);

2° L'angle $\widehat{CAB} = \alpha$, au moyen d'un *théodolite* ou d'un *éclimètre*.

La différence de niveau BC est donnée par la formule (1).

Le théodolite se compose essentiellement d'une lunette astronomique qui tourne dans un plan vertical sur un cercle gradué. Ce cercle gradué est mobile autour d'un axe que l'on peut facilement rendre rigoureusement vertical. Dans ces conditions la ligne 0°—180° du cercle est verticale. Ayant installé le théodolite en A, on vise avec la lunette le point B; on lit sur le cercle gradué l'angle qu'elle fait avec la verticale et le complément de cet angle est l'angle α.

En montagne, on fait encore des mesures de différences d'altitude au moyen du baromètre. On sait, en effet, que, lorsqu'on s'élève dans l'atmosphère, la colonne de mercure dans le baromètre s'abaisse. Une formule établie par Laplace permet de calculer la différence de niveau connaissant la variation de la hauteur de la colonne barométrique. Ce procédé n'est pas très précis et sert surtout pour avoir une première valeur approximative de la hauteur d'une montagne.

EXERCICES DE DESSIN GRAPHIQUE

(Voir page 537 les Exercices de dessin graphique
de Géométrie plane.)

Dans les exercices de dessin graphique et lavis qui suivent toutes les cotes sont exprimées en millimètres; on suppose que le cadre est rectangulaire, formé d'un seul trait fin, ayant 270 de long sur 200 de large avec 20 de marge sur les quatre côtés. Le titre principal hors cadre sera à 6 de ce dernier, composé de lettres de 6 de hauteur sur 4 de largeur séparées par des intervalles de 2 excepté I qui n'a que 1 de largeur et M qui a 6. Ces lettres doivent être tracées à la règle et au tire-ligne. Les titres secondaires seront placés hors cadre aux quatre coins du cadre à 4 de celui-ci en lettres minuscules d'imprimerie de 2 de hauteur en général, légèrement penchées. On les disposera comme suit : en haut à gauche le nom de l'établissement, en haut à droite le nom de la division et le n° de la planche, en bas à gauche la date, en bas à droite, le nom de l'élève. On tracera le cadre à l'aide des deux axes de la feuille, en menant des parallèles à ces deux axes, aux distances indiquées et on nommera à moins d'indication contraire X'OX le grand axe et Y'OY le petit axe, X étant à droite et Y en haut de la feuille.

1. Titre : « *Ombre d'un triangle* ». — On considère un triangle ABC dont le point A situé à 75 au-dessus du plan de la feuille se projette sur cette feuille en un point a de OX tel que $Oa = 75$, dont le point B situé à 50 au-dessus du plan de la feuille se projette en b sur Oy tel que $Ob = 37,5$ et dont le point C situé à 50 au-dessus de la feuille se projette en c, quatrième sommet du rectangle $aObc$. Étant donné de plus un point S situé à 150 au-dessus du plan de la feuille et projeté en s sur Oc à une distance $Os = 142,5$, tracer l'ombre portée sur le plan de la feuille en supposant le point S lumineux et le triangle opaque.

On tracera le triangle et le contour d'ombre extérieur à la projection du riangle en trait noir fin continu, la partie du contour d'ombre cachée par le triangle en pointillé noir et on mettra des hachures noires fines parallèles équidistantes de 1 dans la partie visible de l'ombre portée. Les constructions en trait fin continu à l'encre rouge.

2. Titre : « *Ombres* ». — On donne un dièdre de 150°, d'arête Y'OY, un plan de face est la demi-feuille où se trouve OX' l'autre face étant au-dessus de la feuille. On prend sur Y'OY deux points a et b, symétrique de O, $Oa = 45$ et on construit dans le demi-plan où est OX' un carré de côté ab. Ce carré est la projection d'un quadrilatère ABCD dont les sommets sont situés au-dessus du plan de la feuille à des distances

$Aa = 6o$, $Bb = 5o$, $Cc = 25$, $Dd = 35$. On éclaire ce quadrilatère par des rayons lumineux descendant de gauche, à droite faisant 45° avec le plan de la feuille dans des plans perpendiculaires à la feuille et parallèles à X'OX : tracer les ombres portées par ce quadrilatère sur les deux faces du dièdre, en représentant, ou ces ombres elles-mêmes, ou leurs projections orthogonales sur le plan de la feuille selon qu'elles sont sur l'une ou l'autre face du dièdre donné. Exécuter les tracés comme il a été indiqué à l'exercice précédent.

3. Titre : « *Ombres d'une pyramide* ». — Une pyramide SABCDEF a pour base un hexagone régulier de centre O dans le plan de la feuille, le sommet A situé sur OX à une distance de O égale à 66, le sommet S est projeté en A et situé au-dessus du plan de la feuille à une distance AS $= 8o$. On éclaire cette pyramide par des rayons lumineux parallèles à la direction SS'. S' étant le symétrique de S par rapport au milieu de OE ; 1° représenter la pyramide par sa projection orthogonale sur le plan de la feuille ;

2° Indiquer par des hachures les ombres propres de la pyramide ;

3° Dessiner le contour d'ombre portée par la pyramide sur le plan de la feuille et hachurer l'intérieur de ce contour.

Exécution suivant indications analogues à celles des exercices précédents.

4. Titre : « *Ombres d'un prisme* ». — Le prisme a pour section droite un carré situé dans le plan perpendiculaire à la feuille mené par Y'OY, le centre de ce carré est projeté en O, sa distance au-dessus de la feuille est 60 et la diagonale AC est horizontale et a pour longueur. 52,5. La longueur des arêtes est 180 et leurs milieux sont les sommets du carré ABCD ; 1° Représenter ce carré par sa projection orthogonale sur le plan de la feuille ;

2° Tracer l'ombre propre et l'ombre portée sur le plan de la feuille du prisme éclairé par un point lumineux S projeté sur la feuille au milieu I de OA et situé au dessus de la feuille à une distance IS $= 6oo$. Exécution analogue à celle des exercices précédents.

5. Titre : « *Ombres* ». — On considère un cube dont la base EFGH repose sur le plan de la feuille, E et F sur X'X et G et H au-dessus ; OE $= 127,5$, OF $= 52,5$; sur la base supérieure est posée une pyramide octogonale régulière dont la base est un octogone régulier convexe inscrit dans la face supérieure du cube et dont la hauteur est égale à l'arête du cube. Rechercher les ombres propres et portées de l'ensemble du cube et de la pyramide les rayons lumineux étant parallèles à la direction UV. Le point U, étant centre de la face supérieure du cube, le point V sur X'X à droite de O tel que OV $= 3o$. Exécution suivant les principes habituels.

6. Titre : « *Ombres* ». — On donne dans le plan de la feuille deux cercles de centres C_1 et C_2 de même rayon R $= 45$ tangents extérieurement ; C_1 et C_2 sont sur X'X symétriques par rapport à α : $O\alpha = 3o$ à gauche de O. Ces cercles sont les bases d'un cylindre de hauteur $h = 9o$

et d'un cône de révolution de hauteur $h = 67,5$ la base du cylindre étant
le cercle C_1. Représenter les deux solides et leurs ombres propres et portées
sur le plan de la feuille, les rayons lumineux étant parallèles à la direction AB; A étant le point de la base supérieure du cylindre où la tangente
est parallèle à OX et rencontre la demi-droite OY et le point B étant le
point de la base inférieure du cône symétrique de O par rapport à C_2.
Exécution suivant indications des exercices précédents.

7. Titre : « *Carrelage* ». — Dessiner dans un cadre tracé à l'intérieur
du cadre ordinaire à 20 des côtés de ce cadre un carrelage formé de
carrés et d'octogones réguliers convexes (voir ex   ) dont le côté commun
a 3o de longueur, les côtés des carrés étant parallèles aux bissectrices des
axes de la feuille. Tracer ensuite dans chaque octogone des carrés concentriques à ces octogones et déplacés des carrés du carrelage par translation;
passer une teinte d'encre de chine très noire dans les carrés.

8. Titre : « *Décoration* ». — Couvrir un cadre de dimensions 23o/18o,
concentrique au cadre ordinaire, d'un réseau de triangles équilatéraux

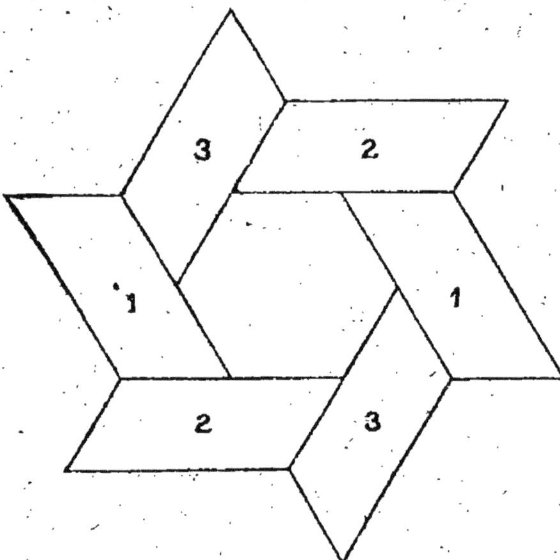

Fig. A.

ayant 12 de côté dont l'un a pour centre le centre de la feuille et un côté
parallèle au grand axe. A l'aide de ce réseau, dessiner un réseau d'étoiles
dont la forme est indiquée à l'exercice 142 et fig. A. Passer ensuite dans les
régions marquées (1) une teinte de couleur bleue claire, dans les régions (2) une teinte de couleur verte claire et dans les régions (3) une
teinte jaune claire (fig. A).

9. Titre : « **Mosaïque** ». — Dessiner dans le cadre ordinaire un carrelage de carrés ayant 7,5 de côté et former d'abord deux bandes rectangulaires de 7,5 d'épaisseur avec les carrés du tour et les carrés situés à 7 rangs des carrés du tour. Dans la grande bande ayant une épaisseur de 6 carrés comprise entre les deux précédentes on fera courir un dessin ayant la forme représentée (fig. B) et tracé à l'aide du carrelage primitif.

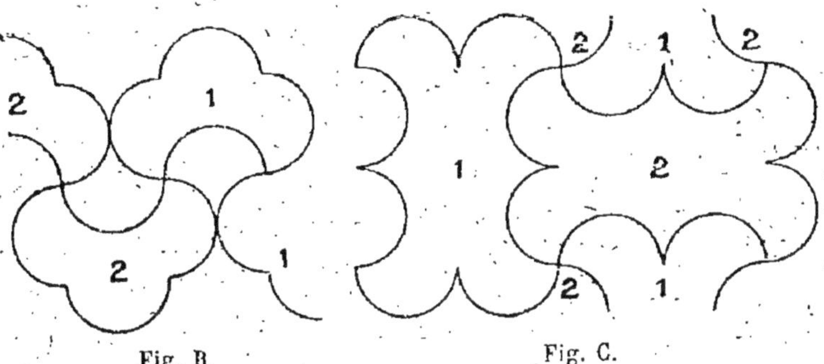

Fig. B. Fig. C.

On couvrira la partie centrale d'une mosaïque dont le dessin est représenté (fig. C) et tracé également à l'aide du carrelage primitif en dessinant un des motifs dans le rectangle de 4/6 carrés situé au centre de la feuille. Exécuter ensuite le lavis à deux teintes noire et grise de l'ensemble en passant la teinte noire dans les régions marquées (2) et la teinte grise dans les régions marquées (1), les régions non marquées étant laissées en blanc.

10. Titre : « **Dallage** ». — Dessiner dans un cadre tracé à l'intérieur du cadre ordinaire à 20 des côtés de ce cadre un dallage formé de triangles équilatéraux dont le côté a 40 de longueur. Tracer à l'intérieur de ces triangles d'autres triangles homothétiques et concentriques ayant 20 de côtés et joindre les sommets correspondants. Passer dans les triangles centraux une teinte d'encre de Chine noire et passer dans les trois trapèzes adjacents à un triangle, mais de deux en deux triangles seulement, une teinte d'encre de Chine grise.

11. Titre : « **Rose des vents** ». — Décrire un cercle de centre O et de rayon 90, et le diviser en 4, 8, 16 puis 32 parties égales; numéroter les points de division de 1 à 32 en tournant dans le sens des aiguilles d'une montre à partir du premier point de division pris sur OY. Dessiner alors une étoile à quatre branches de la forme (fig. D), dont les sommets sont les points 1, 9, 17, 25. Tracer la même étoile en lui donnant les sommets 5, 13, 21, 29 en la supposant placée sous la première et en partie cachée par elle, puis la même étoile dans deux positions de sommets 3, 11, 19, 27 et de sommets 7, 15, 23, 30, ces deux nouvelles étoiles étant supposées placées sous les précédentes, enfin la même étoile dans 4 positions de sommets 2, 10, 18, 26 — 4, 12, 20, 28 — 6, 14, 22, 30 — 8, 16, 24, 32. Ces dernières étant à nouveau placées sous toutes les précédentes. Fabriquer

alors quatre teintes d'encre de chine de teintes sensiblement équidistantes

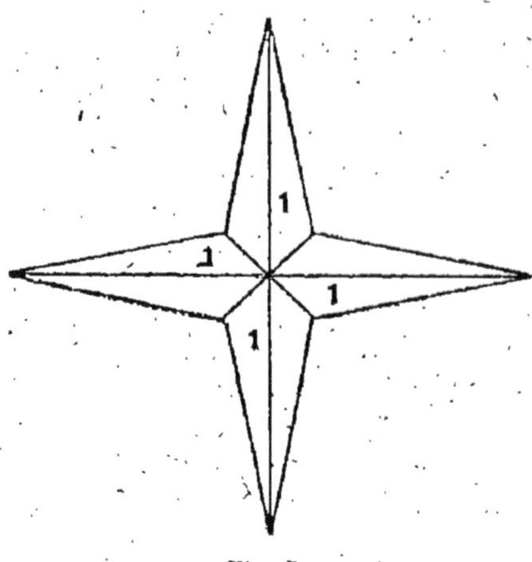

Fig. D.

depuis le noir très foncé jusqu'au gris très clair et passer la teinte la plus claire dans les régions marquées (1) (fig. D) de la première étoile tracée, puis la seconde teinte dans l'ordre, dans les mêmes régions de l'étoile tracée en second lieu, puis la troisième teinte dans les mêmes régions des deux étoiles tracées en troisième lieu, enfin la teinte la plus foncée dans les mêmes régions des quatre étoiles tracées en dernier lieu. Marquer ensuite les initiales des différents rhumbs du vent aux pointes correspondantes des étoiles.

12. Titre : « *Étoile* ». — Tracer de O comme centre deux cercles de rayon 75 et 71 et inscrire dans le plus petit un décagone régulier convexe (ex. 10, page 349) E. Numéroter de 1 à 10 les sommets du décagone en tournant dans le sens des aiguilles d'une montre et tracer les arcs de cercle tangents aux couples de rayons du décagone qui aboutissent aux sommets 1 — 4, 2 — 5, 3 — 6, 4 — 7, 5 — 8, 6 — 9, 7 — 10, 8 — 1, 9 — 2, 10 — 3. Tracer ensuite les arcs de cercle concentriques aux premiers et ayant 4 de rayon en plus et en moins, en limitant ces nouveaux cercles à leurs intersections mutuelles. Passer ensuite dans la couronne formée par les deux cercles primitifs donnés et dans les bandes comprises entre les différents arcs concentriques tracés une teinte d'encre de chine foncée.

13. Titre : « *Rosace* ». — Tracer un triangle équilatéral OAB de côté OA = 22,5 ; O centre de la feuille, A sur OX, puis sur AB construire un triangle rectangle ABC d'angle droit B, de côté BC = 37,5, enfin construire sur AC un triangle isocèle ACD, AC = CD, CD étant le prolongement de BC. Tracer alors : 1° l'arc OB du cercle circonscrit au triangle OAB ; 2° Le demi-cercle de diamètre BC qui coupe AC puis l'arc CD du cercle circonscrit au triangle ACD, enfin l'arc du cercle DE de centre A limité en E sur OA. On obtient ainsi un contour mixtiligne OBCDEO dont seul le côté OE est rectiligne. On fait alors tourner ce contour autour de O dix fois d'un angle de 36° et on trace les contours obtenus à chaque fois en supposant que le nouveau obtenu recouvre le précédent, le dernier étant recouvert par le premier.

Passer de deux en deux alternativement une teinte d'encre de chine foncée puis claire dans les parties visibles des contours ainsi obtenus.

Table des lignes trigonométriques de demi-degré en demi-degré.

Arcs	Sinus	Cosinus	Tang.	Cotg.	Arcs	Arcs	Sinus	Cosinus	Tang.	Colg.	Arcs
0°00'	0,0000	1,0000	0,0000	∞	90°00'	23°00'	0,3907	0,9205	0,4245	2,3559	67°00'
30'	..0087	0000	0087	114,5887	30'	30'	3987	9171	4348	2998	30'
1°00'	0175	0,9998	0175	57,2900	89°00'	24°00'	4067	9135	4452	2460	66°00'
30'	0262	9997	0262	38,1885	30'	30'	4147	9100	4557	1943	30'
2°00'	0349	9994	0349	28,6363	88°00'	25°00'	4226	9063	4663	1445	65°00'
30'	0436	9990	0436	22,9038	30'	30'	4305	9026	4770	0965	30'
3°00'	0523	9986	0524	19,0811	87°00'	26°00'	4384	8988	4877	0503	64°00'
30'	0610	9981	0612	16,3499	30'	30'	4462	8949	4986	0057	30'
4°00'	0698	9976	0699	14,3007	86°00'	27°00'	4540	8910	5095	1,9626	63°00'
30'	0785	9969	0787	12,7062	30'	30'	4617	8870	5206	9210	30'
5°00'	0872	9962	0875	11,4301	85°00'	28°00'	4695	8829	5317	8807	62°00'
30'	0958	9954	0963	10,3854	30'	30'	4772	8788	5430	8418	30'
6°00'	1045	9945	1051	9,5144	84°00'	29°00'	4848	8746	5543	8040	61°00'
30'	1132	9936	1139	8,7769	30'	30'	4924	8704	5658	7675	30'
7°00'	1219	9925	1228	1443	83°00'	30°00'	5000	8660	5774	7321	60°00'
30'	1305	9914	1317	7,5958	30'	30'	5075	8616	5890	6977	30'
8°00'	1392	9903	1405	1154	82°00'	31°00'	5150	8570	6009	6643	59°00'
30'	1478	9890	1495	6,6912	30'	30'	5225	8526	6128	6319	30'
9°00'	1564	9877	1584	3138	81°00'	32°00'	5299	8480	6249	6003	58°00'
30'	1650	9863	1673	5,9758	30'	30'	5373	8434	6371	5697	30'
10°00'	1736	9848	1763	5,6713	80°00'	33°00'	5446	8387	6494	5399	57°00'
30'	1822	9833	1853	3955	30'	30'	5519	8339	6619	5108	30'
11°00'	1908	9816	1944	1446	79°00'	34°00'	5592	8290	6645	4826	56°00'
30'	1994	9799	2035	4,9152	30'	30'	5664	8241	6873	4550	30'
12°00'	2079	9781	2126	7026	78°00'	35°00'	5736	8192	7002	4281	55°00'
30'	2164	9763	2217	5107	30'	30'	5807	8141	7133	4019	30'
13°00'	2250	9744	2309	3315	77°00'	36°00'	5878	8090	7265	3764	54°00'
30'	2334	9724	2401	1653	30'	30'	5948	8039	7400	3514	30'
14°00'	2419	9703	2493	0108	76°00'	37°00'	6018	7986	7536	3270	53°00'
30'	2504	9681	2586	3,8667	30'	30'	6088	7934	7673	3032	30'
15°00'	2588	9654	2679	7321	75°00'	38°00'	6157	7880	7818	2799	52°00'
30'	2672	9636	2773	6059	30'	30'	6225	7826	7954	2572	30'
16°00'	2756	9613	2867	4874	74°00'	39°00'	6293	7771	8098	2349	51°00'
30'	2840	9588	2962	3759	30'	30'	6361	7716	8243	2131	30'
17°00'	2924	9563	3057	2709	73°00'	40°00'	6428	7670	8391	1918	50°00'
30'	3007	9537	3153	1716	30'	30'	6494	7604	8541	1708	30'
18°00'	3090	9511	3249	0777	72°00'	41°00'	6561	7547	8693	1504	49°00'
30'	3173	9483	3346	2,9887	30'	30'	6626	7490	8847	1303	30'
19°00'	3256	9455	3443	9042	71°00'	42°00'	6691	7431	9004	1106	48°00'
30'	3338	9426	3541	8239	30'	30'	6756	7373	9163	0913	30'
20°00'	3420	9397	3640	2,7475	70°00'	43°00'	6820	7314	9325	0724	47°00'
30'	3502	9367	3739	6746	30'	30'	6884	7254	9490	0538	30'
21°00'	3584	9336	3839	6051	69°00'	44°00'	6947	7193	9657	0355	46°00'
30'	3665	9304	3939	5386	30'	30'	7009	7133	9827	0176	30'
22°00'	3746	9272	4040	4751	68°00'	45°00'	0,7071	0,7071	1,0000	1,0000	45°00'
30'	0,3827	0,9239	0,4142	2,4142	30'						
Arcs	Cosinus	Sinus	Cotg.	Tang.	Arcs	Arcs	Cosinus	Sinus	Cotg.	Tang.	Arcs

Table des lignes trigonométriques de demi-grade en demi-grade.

Arcs	Sinus	Cosinus	Tang.	Cotg.	Arcs
0G,00	0,0000	1,0000	0,0000	∞	100G,00
50	0079	0,9999	0079	127,321	50
1G,00	0157	9999	0157	63,657	99G,00
50	0236	9997	0236	42,434	50
2G,00	0314	9995	0314	31,821	98G,00
50	0393	9992	0393	25,452	50
3G,00	0471	9989	0472	21,205	97G,00
50	0550	9985	0550	18,171	50
4G,00	0628	9980	0629	15,895	96G,00
50	0706	9975	0708	14,124	50
5G,00	0785	9969	0787	12,706	95G,00
50	0863	9963	0866	11,546	50
6G,00	0941	9956	0945	10,579	94G,00
50	1019	9948	1025	9,7601	50
7G,00	1097	9940	1104	0579	93G,00
50	1175	9931	1184	8,4490	50
8G,00	1253	9921	1263	7,9158	92G,00
50	1331	9911	1343	4451	50
9G,00	1409	9900	1423	0264	91G,00
50	1487	9889	1503	6,6514	50
10G,00	1564	9877	1584	6,3138	90G,00
50	1642	9864	1664	0080	50
11G,00	1719	9851	1745	5,7297	89G,00
50	1797	9837	1826	4754	50
12G,00	1874	9823	1908	2421	88G,00
50	1951	9808	1989	0273	50
13G,00	2028	9792	2071	4,8288	87G,00
50	2105	9776	2153	6448	50
14G,00	2181	9759	2235	4737	86G,00
50	2258	9742	2318	3143	50
15G,00	2334	9724	2401	1653	85G,00
50	2411	9705	2484	0257	50
16G,00	2487	9686	2568	3,8947	84G,00
50	2563	9666	2651	7715	50
17G,00	2639	9646	2736	6554	83G,00
50	2714	9625	2820	5457	50
18G,00	2790	9603	2905	4420	82G,00
50	2865	9581	2991	3438	50
19G,00	2940	9558	3076	2506	81G,00
50	3015	9535	3163	1620	50
20G,00	3090	9511	3249	3,0777	80G,00
50	3165	9486	3336	2,9974	50
21G,00	3239	9461	3424	9208	79G,00
50	3313	9435	3512	8476	50
22G,00	3387	9409	3600	7776	78G,00
50	3461	9382	3689	7106	50
23G,00	3535	9354	3779	6464	77G,00
50	3608	9326	3869	5848	50
24G,00	3681	9298	3959	5257	76G,00
50	3754	9269	4050	4689	50
25G,00	0,3827	0,9239	0,4142	2,4141	75G,00

Arcs	Sinus	Cosinus	Tang.	Colg.	Arcs
25G,00	0,3827	0,9239	0,4142	2,4142	75G,00
50	3899	9208	4234	3616	50
26G,00	3971	9178	4327	3109	74G,00
50	4043	9146	4421	2620	50
27G,00	4115	9114	4515	2148	73G,00
50	4187	9081	4610	1692	50
28G,00	4258	9048	4706	1251	72G,00
50	4329	9015	4802	0825	50
29G,00	4399	8980	4899	0413	71G,00
50	4470	8945	4997	0013	50
30G,00	4540	8910	5095	1,9626	70G,00
50	4610	8874	5195	9251	50
31G,00	4679	8838	5295	8887	69G,00
50	4749	8801	5396	8533	50
32G,00	4818	8773	5498	8190	68G,00
50	4886	8725	5600	7856	50
33G,00	4955	8686	5704	7532	67G,00
50	5023	8647	5808	7216	50
34G,00	5090	8607	5914	6909	66G,00
50	5158	8567	6020	6610	50
35G,00	5225	8526	6128	6319	65G,00
50	5292	8485	6237	6034	50
36G,00	5358	8443	6346	5757	64G,00
50	5424	8401	6457	5487	50
37G,00	5490	8358	6569	5224	63G,00
50	5556	8315	6682	4966	50
38G,00	5621	8271	6796	4715	62G,00
50	5686	8226	6911	4469	50
39G,00	5750	8181	7028	4229	61G,00
50	5814	8136	7146	3994	50
40G,00	5878	8090	7265	3764	60G,00
50	5941	8044	7386	3539	50
41G,00	6004	7997	7508	3319	59G,00
50	6067	7949	7632	3103	50
42G,00	6129	7902	7757	2892	58G,00
50	6191	7853	7883	2685	50
43G,00	6252	7804	8012	2482	57G,00
50	6314	7755	8141	2283	50
44G,00	6374	7705	8273	2088	56G,00
50	6435	7655	8406	1896	50
45G,00	6494	7604	8541	1708	55G,00
50	6554	7553	8678	1524	50
46G,00	6613	7501	8816	1343	54G,00
50	6671	7449	8957	1165	50
47G,00	6730	7396	9099	0990	53G,00
50	6788	7343	9244	0818	50
48G,00	6845	7290	9391	0649	52G,00
50	6903	7236	9540	0483	50
49G,00	6959	7181	9691	0319	51G,00
50	7015	7126	9844	0158	50
50G,00	0,7071	0,7071	1,0000	1,0000	50G,00

Arcs	Cosinus	Sinus	Cotg.	Tang.	Arcs	Arcs	Cosinus	Sinus	Cotg.	Tang.	Arcs

TABLE DES MATIÈRES

(Iᵉʳ VOLUME)

PREMIÈRE PARTIE

GÉOMÉTRIE PLANE

LIVRE I

CHAP. I. — Les figures fondamentales. — Les instruments de dessin et de mesure.

CHAP. II. — Symétrie par rapport à une droite.

DEUXIÈME PARTIE

GÉOMÉTRIE DANS L'ESPACE

LIVRE V

Chap. I. — Le Plan.

Chap. II. — Droits et plans perpendiculaires.

Chap. III. — Parallélisme

Chap. IV. — Parallélisme et Orthogonales

LIVRE VI

PRISME ET CYLINDRE — PYRAMIDE ET CONE — SPHÈRE

LIVRE VII

AIRES

LIVRE VIII

VOLUMES

Chap. I. — Volume du prisme

Chap. II. — Volume de la pyramide

Appendice. — Opération sur le terrain.

Imp. de Vaugirard, H.-L. Motti, Directeur, 12-13, Impasse Ronsin, Paris.